内在动机

田凯 编著

内心的充实来源于自我掌控

中国纺织出版社有限公司

内 容 提 要

为什么你总是提不起学习和工作的热情？为什么你常常有种对现实的无力感？为什么你经常怀疑人生？为什么你总是感觉压力大得让你喘不过气来……其实，一切都是内在动机不足造成的。只有满足了人们内心对自主、胜任和联结的基本心理需要，人们才能产生内在动机，才能保持对学习和工作的兴趣，过上真正自主和幸福的生活。

本书立足于对"内在动机"的研究和探讨，旨在告诉现实生活中的我们，幸福来自真正的自主，并告诉我们如何自动自发地去做一些事情，而不是被外在的东西所强迫、驱使。当我们能产生动机，带着好奇心与乐趣去学习、工作和生活时，我们才能真正感受到自主和快乐。

图书在版编目（CIP）数据

内在动机／田凯编著.--北京：中国纺织出版社有限公司，2023.9
　　ISBN 978-7-5229-0730-7

Ⅰ.①内… Ⅱ.①田… Ⅲ.①成功心理—通俗读物 Ⅳ.①B848.4-49

中国国家版本馆CIP数据核字（2023）第123872号

责任编辑：柳华君　　责任校对：高　涵　　责任印制：储志伟

中国纺织出版社有限公司出版发行
地址：北京市朝阳区百子湾东里A407号楼　邮政编码：100124
销售电话：010—67004422　传真：010—87155801
http://www.c-textilep.com
中国纺织出版社天猫旗舰店
官方微博：http://weibo.com/2119887771
天津千鹤文化传播有限公司印刷　各地新华书店经销
2023年9月第1版第1次印刷
开本：880×1230　1/32　印张：6.25
字数：100千字　定价：49.80元

凡购本书，如有缺页、倒页、脱页，由本社图书营销中心调换

前言

自古以来，很多人都信奉"吃苦受累"的准则，正所谓"吃得苦中苦，方为人上人"，认为唯有赚到比别人多的钱，获得比他人更好的社会地位，才会快乐。我们世世代代为这种所谓的快乐而努力，并且认为要获得这样的快乐，就必须要吃苦。

然而，这样的思维真的就是对的吗？这个说法本身是不是也有问题呢？为什么拥有金钱、社会地位等就会快乐呢？这是不是外界强加给我们的想法呢？

其实，罗切斯特大学心理学荣誉教授爱德华·德西早已给出了自己的答案：真正的快乐和幸福来源于自主。他认为，只是追求那些外界强加给我们的价值和目标的人是不自由的，因为他丧失了内在动机和真正的自主，也无法获得真正持久的幸福。

那么，什么是内在动机和真正的自主呢？

所谓内在动机，心理学家认为，当一个人因为事情本身的价值做出某种行为，而不求外在的奖励和回报时，这件事情本身对其就是一种回报。此时，做这件事的出发点就是内在动机。

内在动机

真正的自主意味着人们的行为来自自己的选择，意味着人们在行动中被真正的自我所掌控。

这样看来，那些被提供报酬的人可能会失去主动解决问题的动力——外部奖励反而会损害内在动机。不仅是奖励，其他研究者还发现，强加的目标、外在的监督和评价都可能会破坏内在动机，这与人们常用的激励策略恰恰相反。

的确，真正的幸福来自实现心灵的自由和解放。不得不说，现今社会，我们的周围有太多物质主义者，人们对消费有着狂热的追求，他们相信，只要努力工作，就会得到他们日思夜想的商品和丰裕的生活，然而很多人并没有实现所谓的"财富梦"，反而出现了心理健康问题：那些看上去生活富足、家庭事业美满的中年人，却压力重重，常常感到焦虑，在崩溃和忧郁的边缘挣扎；一些成绩优异的名校学生，却找不到人生的意义，在茫然困惑中迷失……

针对这些问题，我们编写了本书，本书旨在引导读者朋友们进行深刻的反思和分析。也许很多人认为，努力追求财富、美貌、社会地位这些目标，就是一种"正确"的获得快乐的方式，但其实，这是一种被迫接受的观念，社会正在限制我们真正的自主、向我们灌输某种价值观和规则。

在本书中，你将会重新思考以下问题：如何摆脱外界给自己设定的规则的约束？如何通过探索内在动机以改变行为，形成健康的习惯？如何正确地激励自己和他人完成无趣的任务？如何跳出自我苛责的陷阱？如何通过提供选择引导他人的判断……本书是一份自助式的指南，能帮助人们解决当今世人普遍面临的动机问题。一直以来，人们都在采取墨守成规式的方法试图解决这些问题，其实只要我们能正确理解这些问题、调整自己的动机和心理，就能够轻松又高效地达成所愿。最后，希望所有读者都能获得真正的心灵自主，能真正感受幸福、获得快乐。

编著者

2023年2月

目录

第 01 章 人类行为为哪般，内在动机是其根源 ▶▶001

内在动机：人们的行为都想要达到某种结果　　003

找到内在动机，才能全身心投入行动中　　007

外在动机为什么会失效　　011

爱德华·德西的动机理论　　014

内在动机和外在动机的较量　　018

内在动机的三大要素　　022

在家庭教育中，对孩子的奖励要恰当　　025

第 02 章 深入剖析，寻找快乐是人类活动的深层动机 ▶▶029

追求快乐、逃避痛苦是我们的日常动机　　031

了解快乐的运作模式　　035

快乐原则对于企业管理的启示：为员工创造快乐的工作氛围　　039

让你快速行动的 15 种方法　　043

唯有热爱，才能真正让你产生快乐　　047

● 内在动机

经营自己的优势，从成就感中获得快乐　　　　　052

第 03 章 | 端正动机，强大的自我控制力需要内在动机的参与　▶▶057

美好的人生建立在自我控制的基础上　　　　　059
自控力的两种威胁　　　　　064
对抗"玩心"，真正的快乐来自心灵的充实　　　　　069
了解自控的重要性，有助于摆正动机　　　　　073
把握分寸，如何避免自控力太强　　　　　077
端正心态，不断训练逐步获得自制力　　　　　081

第 04 章 | 挖掘潜能，激活自己的内驱力向目标进发　▶▶085

找到真正感兴趣的事，获得持久的内驱力　　　　　087
心念目标，唤起行动的力量　　　　　091
目标清晰，内在动机能发出明确的行为指令　　　　　095
运用想象的力量，将潜在的巨大内驱力释放出来　　　　　100
关注社会性动机，与积极上进的人为伍　　　　　104
淡化焦虑，情绪也能产生动力　　　　　108

第 05 章 | 摆脱迟滞的行为模式，强化内在动机提升行动力　▶▶ 113

改变动机，随时处于能够立即行动的战斗状态　115
拖延的根本动机是享受现在的欢乐、延迟痛苦　120
克服拖延症，从改变拖延思维开始　124
小心被"传染"，远离那些懒散的同事　128
对抗焦虑的心理动因，拖延让你认为晚一点也可以　132
拖延症的四种类型和自我检测方法　137

第 06 章 | 摆脱不良动机的影响，真正做到行为自主　▶▶ 141

矫正依赖的内在动机，真正做到独立自主　143
愉快地戒烟，需要你的决心和毅力　147
切断电源，轻松戒掉网络游戏　151
戒除懒惰的毛病，首先要从不赖床开始　153
减肥，应当是一个有趣的经历　157
给自己精神动力，做好严格的自我管理　160

第 07 章 | 从习惯到自然，良好的动机指引良好的行为习惯　▶▶ 165

关注健康，别让无度的享乐毁坏身体　167

● 内在动机

积极的动机建设，助你养成良好的饮食习惯　　172
活力满满地运动，并形成习惯　　177
慢慢领悟学习的乐趣，并每天坚持学习　　181
习惯成自然，每天坚持做最好的自己　　185

参考文献　　**190**

第01章

人类行为为哪般，内在动机是其根源

日常生活中，我们常常会自觉或不自觉地做出这样那样的行为或活动，这是因为我们被不同的内在动机驱使，只有满足内心对自主、胜任和联结的基本心理需要，人们才能产生内在动机，保持对学习和工作的兴趣。那么，什么是内在动机呢？有内在动机，就有外在动机吗？二者可以相互转化吗？它们又是如何影响人的行为和心理的呢？带着这些问题，我们来看看本章的内容。

第01章 人类行为为哪般，内在动机是其根源

内在动机：人们的行为都想要达到某种结果

生活中，我们经常做出各种判断，产生各种行为，那么，为什么我们会做出一些特定的事？到底是什么在驱使着我们行动？对于这一问题，心理学家从不同的角度进行了研究和分析，并提出了一个概念——内在动机。

心理学家认为，一个人因为事情本身的价值而做出某种行为，而不求外在的奖励和回报，在这样的情况下，这件事情本身就是一种回报，此时，做这件事的出发点就是内在动机。

内在动机是指我们的行为目的是指向行为本身的，能让我们产生情绪上的满足，从而产生成功感，内在动机提供了一个促进学习和发展的自然力量，它在没有外在奖赏和压力的情况下，可以激发行为。人们通过评估个体是否自主选择进行或坚持某一活动，或通过个体评价自己在一项特殊活动中的兴趣或喜爱，来测量个体的内在动机。内在动机对个体在所从事的领域中能否体现出创造性，起着至关重要的作用。内在动机是科学研究的萌芽，是科学研究的内在动力。随着年龄的增

○ 内在动机

长，儿童的内在动机会发生一些变化。

1918年4月23日，在德国著名物理学家普朗克60岁的生日纪念会上，爱因斯坦做了名为《探索的动机》的著名演讲：

"假如科学是一座庙堂的话，那么，这座庙堂里有很多房舍，里面住了各式各样的人，引导他们去那里的动机也各不相同。一些人之所以爱好科学，是因为科学给了他们超乎常人的智力上的快感，科学是他们自己的特殊娱乐，他们在这种娱乐中寻求生命活动的经验和雄心壮志的满足；在这座庙堂里，还有许多人把他们的脑力产物奉献在祭坛上，是出于纯粹功利的目的。如果能派出一位天使将庙堂中的这两类人赶走，那么，剩下的聚集于此的人会减少很多……

"如果庙堂里只有这两类应该被驱逐的人，那么，这座庙堂就无法存在，这就好比只有蔓草不能成为森林一样。因为，对于这类人来说，只要有机会，他们绝对会出现在人类活动的任何领域，他们最终是商人、工程师、官员还是科学家，完全取决于环境。现在让我们再来看看那些为天使所宠爱的人吧。他们大多数是孤独、沉默寡言、看起来十分怪异的人，乍一看，他们是相同的，但他们彼此之间有各自的不同，不像被赶走的那些人那样彼此相似。究竟是什么把他们引到这座庙堂里来的呢？首先我同意叔本华所说的，把人们引向艺术和科学的最强烈动机之一，是要逃避日常生活中令人厌恶的粗俗和使人绝望的沉闷，是要摆脱人们自己反复无常的欲望的桎梏。一个修养有素的人总是渴望逃避个人生活而进入客观知觉和思维的世界，这种愿望好比城市里的人渴望逃避喧嚣拥挤的环境，而到高山上去享受幽静的生活……

"除了这种消极的动机以外，还有一种积极的动机。人们总想以最适当的方式画出一幅简化的和易于领悟的世界图像；于是人们就试图用他们的这种世界体系来代替经验的世界，并征服它。这就是画家、诗人、思辨哲学家和自然科学家按自己的方式所做的。每个人把世界体系及其构成作为他的感情生活的支点，以便他们找到在他们自己狭小世界里所无法寻找到的安宁。"

毫无疑问，爱因斯坦所说的这种非功利的、为科学而付出的动机，就是内在动机。爱因斯坦认为，自己和普朗克一样，是属于科学庙堂里的第三种人。科学研究的目的是客观描述自然现象，揭示其内在的规律。爱默比尔说："内在动机原则是创造力的社会心理学基础，当人们被工作本身的满意和挑战所激发，而不是被外在压力所激发时，才表现得最有创

内在动机

造力。"如果个体的内在动机水平较高,就会主动地提出问题,积极地对当前情境及个体已有的知识经验进行搜索,以产生各种可能的反应;即使受到外部刺激的干扰(如竞争、评价等),也会保持开放的心态,能够敏锐地察觉到外部刺激中较为隐蔽的、与解决问题有关的重大线索,并敢于冒险、有挑战性,思维新颖、独特、流畅,从而创造性地解决问题。美国社会心理学家阿玛布丽经过大量研究证明,内在动机对人的创造性具有很大的促进作用。克罗切菲尔德的研究也指出,高水平的内在动机是杰出的创造性人才的重要特征。

这样看来,任何人只有激发出自己的内在动机,才能自动自发地进行学习和工作,才能持续、专注地投入精力,并产生良性的结果。

找到内在动机，才能全身心投入行动中

人类的种种行为都有其内在动机，良好的内在动机能激发我们行为的动力、提升我们的专注力。相反，如果我们缺乏内在动机，则很容易被分散注意力，最常见的例子之一就是在工作或学习的时候，你很容易分心，一会儿想起来翻一下手机，刷一下微信，一会儿又想起来刷一下小视频，看看有没有什么新鲜事儿。它导致的结果，就是你越来越拖延，效率越来越低，而注意力被分散会大大增加我们的焦虑。因为，当内心一直处在混乱的状态时，即使我们能够清醒意识到一些念头的出现，但在潜意识里，仍然有许多念头在打架、对抗，争夺着我们的注意力，会大量消耗我们的精神能量，让我们把精神能量耗费在大量混乱、无序的念头上，也就是说，很多时候我们在做"无用功"。

以下，是我们经常见到的画面：

一位妈妈原本在辅导孩子做作业，过了一会儿，因为孩子不听话，妈妈失去了耐心，顿时气氛骤变，妈妈打了孩

◯ 内在动机

子。孩子哭，妈妈喊，一场家庭大战在所难免。

其实，这一画面中，无论是妈妈还是孩子，都处于心境最混乱、无序的状态。这种心智失序状态如果长期持续存在，将对人身心的发展造成极大伤害。

心智失序的人总是强迫注意力转移到错误的方向上，使精力耗费在无关紧要的事情上，而且毫无结果。一直处于涣散无序状态的个体，将没有满足感，也没有自豪感。

相反，假如一个人有强烈的内在动机，他就能对当下的活动完全投入、集中精力，进入状态后，人们会沉浸其中而完全忽略了身边的一切，这也是内在动机的最佳形式。

可见，内在动机是产生专注力的前提和关键因素。虽然人们凭直觉会认为，专注、全神贯注可能需要消耗大量精力，但心理学家通过实验证明，在这样的状态下，人们反而能减轻脑力负担，最重要的是，人们的活动效率能得到大幅提升。

我们以学习为例，哈佛大学前任校长劳伦斯·萨默斯曾经在课堂上建议每一个哈佛学生每天都问自己一个问题："我为什么要学习？"这就是对学习动机的反思。这个问题，表面上看很简单，实则非常重要，因为一个人只有具备良好的学习动机，才会有强烈的学习欲望。而相反，如果一个人没有良好的学习动机，不明白自己做事的目的，就很难产生强大的内驱力。

接下来，我们从这位家长口中了解一下他的孩子是如何自动自发地学习的。

"孩子一两岁的时候，尽管离认字还早，我们还是买了一些图画书，然后跟他一起"读"书，讲述书中的故事给他听，让他领悟读书的乐趣。从懂事起，我们就常跟他说，无论家长在不在身边，都要认真学习，学习不是为家长，也不是为老师，只有把学习当作自己的事情，才能把书读好。从小学开始，他就很自然地爱上了学习。每天下午放学回家的第一件事情，就是完成老师布置的作业。我们忙于自己的工作，从不盯着他做作业，也很少去检查、订正他的作业。他如果把作业做错了，老师要求他订正，他也是一人做事一人当，从不找家长'耍赖'，记得那时候，小学生放寒暑假前，还要带回家一册厚厚的寒暑假作业。放假没有多少天，他就三下五除二，把它们统统给解决掉了，然后利用余下较长的假期，找课外书看或找小伙伴们玩。见他这样争气，我们也乐得省心，成了名副其实的'懒'家长。在学习的舞台上，他是主角，我们做家长的是欣赏者、喝彩者，偶尔帮他'跑龙套'，做一些学习资料搜集等服务性工作。"

○ 内在动机

的确，作为学生，如果想获得好的学习成绩，就要自主、自觉地学习。一个学生，只有摆正自己的学习动机、把学习当作自己的事情，知道读书不是为了家长许诺的某种物质奖励，不是为了父母的面子，而是为了自己成长的需要时，他读书才有一种内在的持续动力。

当然，不只是学习，我们的日常工作、科研或其他一切活动，都必须明确内在动机，才能全身心投入行动中。此外，想要全身心地投入活动，在个人专注的问题上还必须具备一定的挑战性，而且挑战的难度必须恰如其分，难度太大时，会因压力产生焦虑；压力太弱时，则会让人觉得无聊；只有适度难度的挑战，才会使人出现这样全身心投入的状态。

第01章　人类行为为哪般，内在动机是其根源

外在动机为什么会失效

前面，我们指出了内在动机的含义，与内在动机相对应的是外在动机，外在动机是一种行动外的奖励，而且一般情况下产生于行动之后。就像学生时代，尤其是小时候，我们只要考到了满分，家长就会承诺给我们一定的物质奖励，比如给我们五十元或者一百元，这就是最为典型的外在动机。但很明显，这种奖励方式是不对的，一些孩子看到了考好成绩后的奖励，便开始耍小聪明，比如篡改考试成绩，以此来骗取金钱奖励。

再如，职场中，企业考核部门也会对工作结果做考核，尤其是一些传统制造行业，部分工厂会采取计件制分发奖金的奖励方式。但是在现实的工作中，存在费时费力的工作和一些简单易操作、容易被领导看到的活儿，在这样的情况下，又会出现一批"聪明人"，他们会钻规则的空子，去争夺那些简单的工作，于是，在这样的行业内，就出现了很多"老实人吃亏"的现象。

除此之外，即便外在动机被设计得天衣无缝，也将所有攫取利益的途径都堵死了，但是外在动机依然无法为个体源

● 内在动机

源不断输送行动动力，也无法激励个体产生持久的行为。

那么，这又是为何呢？这是因为，在相同的外在动机下，人们对于外在动机的感受会出现一种"边际效应递减"的现象。这种现象会导致人们虽然获得了相同的外在动机，但感受到的心理效用却在不断降低。

所谓"边际效应"，来自经济学领域，有时也称为边际贡献，它是指消费者在逐次增加一个单位消费品的时候，带来的单位效用是逐渐递减的（虽然带来的总效用仍然是增加的）。

通俗的解释是：当我们向往某一事物时，会投入一定的情绪，而第一次接触到此事物时的情感体验是最为强烈的，第二次就会减弱一点，到第三次则更淡……以此发展，我们接触该事物的次数越多，我们的情感体验也会越为淡漠，一步步趋向乏味。这一效应在经济学和社会学中十分有效，在经济学中这一效应被称为"边际效益递减率"，而在社会学中叫"剥夺与满足命题"，提出者是霍斯曼，用标准的学术语言描述就是："某人在近期内重复获得相同报酬的次数越多，那么，这一报酬的追加部分对他的价值就越小。"

我们不妨先举个简单的例子来理解这一现象：当你饥肠辘辘的时候，有人给你拿了一盘包子，当你吃第一个的时候，你会觉得非常香，第二个也是如此，第三个、第四个，直到第五个，你都觉得很好吃，但是你吃饱后，再看到剩下的几个包子，你还想吃，但又觉得不太好吃了，或一点好吃的感觉都没有了。当物质消费达到了一定的程度，人们对这种状况的消费就会产生一种厌倦的心理。

这就是"边际效应"产生的效果。对于这一效应，其实我们可以巧妙地将其移植到其他领域，如科技领域、教育领域、人际交往领域等。

所以，外在动机有一定的局限性，随着边际效益递减的作用，当外在动机所产生的心理效用无法产生足以推动行动的动力时，行动也就变成了"0"。

与外在动机刺激不同的是，内在动机有两种作用：

第一，它是一种产生于自身的原动力，能让人心情更愉悦，能唤醒人的行动力，这种愉悦感不是源于行动之外的。

第二，内在动机能让人表现得更好。

之所以会出现这样的现象，是因为外在动机让人更期待的是奖励物，是行动结束后他人给予的物质奖赏。而内在动机的奖励则是源于自身，所以参与者更能从行动中感受到快乐，也会更主动地倾注时间和精力，这样看来，内在动机能让人有更好的表现也就不足为奇了。

◯ 内在动机

爱德华·德西的动机理论

美国罗切斯特大学心理学与社会科学教授爱德华·德西以提出人类内在动机与外在动机及基本需求的理论享誉心理学界，他与理查德·瑞安共同创建了自我决定论，这是迄今最有影响力的人类动机理论之一，自我决定论关注人们在没有任何外部影响与干涉的情况下做出选择背后的动机，关注个体行为自我激励与自我决定的程度。该理论构建了研究人类动机和人格的宏观框架，并指出满足个体自主、胜任和联结基本需要的环境条件，能够更好地增强人们的主动性、创造力及提升人们的幸福感和绩效水平。德西还发现，外部的奖赏会削弱人的内在动机。自我决定理论已经被广泛应用在教育、医疗、工作组织、育儿和体育等领域中。

爱德华·德西曾经做过一个有趣的实验：

这一实验的研究对象是一群大学生。在这一实验中，这些学生需要解答一些有趣的智力问题。实验分三个阶段：

第一阶段，参与实验的所有人都没有奖励；

第二阶段，所有的人被分成两组，一组是实验组，另一组是控制组，前者是有奖励的，他们做完一道题就能获得一美元，而后者是无奖励的；

第三阶段，这个阶段里，参与者可以自由选择答题或者停止。

结果表明，这些参与实验的人中，有奖励的那一组在第二阶段十分努力，但到了第三阶段，他们的积极性就降低了不少，愿意继续答题的人变得很少，也就是说，他们的兴趣在减弱；而相反，无奖励的一组却在第三阶段表现得比前者积极很多。

德西发现，有时候，在外加报酬和内感报酬兼得的时候，人们的工作动机不但不会增加，反而会有所降低。此时，动机强度会变成两者之差。后来，心理学家把这种规律称为"德西效应"。

从这一实验中，我们可以发现，对于一项会令参与者感到愉快的活动，如果对参与者提供外部奖励，不会增加参与者的积极性，反而会削弱活动对参与者的吸引力。

"德西效应"在父母教育孩子这一情境中也经常发生。比如，为了鼓励孩子考得更好，一些父母常常说："如果你这次考一百分，我就给你买个笔记本""要是你能考进前五

内在动机

名,就奖励你100元"等。家长们也许没有想到,正是这种不当的奖励方法,将孩子的学习兴趣一点点地浇灭了。

心理学家认为,动机是一个人发动或抑制自身行为的内部原因。当动机达到最佳水平时,活动效率就会达到最大值,而动机不足则会使活动效率降低。

有这样一个关于动机理论的故事:

有个叫加里·沙克的老人,在退休后,他在一所学校附近买了一间房子颐养天年。刚开始来住的几个星期,周围的环境很安静,但是后来出现了三个年轻人在附近嬉戏打闹,经常将垃圾桶踢得叮咚作响。

这样的噪声让老人的生活受到了很大的影响,于是他出去跟年轻人谈判。"你们玩得真开心。"他说,"我喜欢看你们玩得这样高兴。如果你们每天都来踢垃圾桶,我将每天给你们每人一块钱。"

一听玩耍还能赚到钱,三个年轻人可高兴了,于是更加卖力地表演"足下功夫"。不料三天后,老人忧愁地说:"通货膨胀减少了我的收入,从明天起,我只能给你们每人五毛钱了。"年轻人们显得不太开心,但还是接受了老人的条件。他们每天继续去踢垃圾桶。

第01章　人类行为为哪般，内在动机是其根源

一周后，老人又对他们说："最近没有收到养老金支票，对不起，每天只能给两毛了。""两毛钱？"一个年轻人脸色发青，"我们才不会为了区区两毛钱浪费宝贵的时间在这里表演呢，不干了！"从此以后，老人又过上了安静的日子。

这位老人用了一个看起来很傻的办法，最终却达到了想要的效果。在这里，老人的行动之所以起到了效果，其中的关键变量正是原本以寻找乐趣为目的的内在动机被转化成了外在动机，外在动机只在短期内是有效的，而一旦外在动机减少，它的动机能量就会逐渐减少，甚至到最后完全变为零。

◯ 内在动机

内在动机和外在动机的较量

在行为心理学中，思考"动机"时最常见的就是"外在"和"内在"两种驱动方式。简单来说，外在动机是指当我们面对一项任务的时候，所发生的行为都是为了获得奖励或避免不利结果，如人们最熟知的：一份工作。内在动机是指我们为了任务本身而做，仅是因为我们觉得愉快或有意义，本质上行为本身就是它自己的回报，如人们最熟知的：一个爱好。内在动机被证明是更强大的动机，持续的时间也更长，人们可以终身享受一种爱好，而外在动机只有在奖赏存在的情况下才会持续。最好的例子就是在工厂停止支付工资后，看看是否还有人愿意去工作。

我们也可以这样理解：内在动机是人自身在生理性或社会性本源上需要产生的驱力（如激素、中枢神经的唤起状态、愿望等），而外在动机是通过直接或间接满足这些内部需要产生的驱力。内在动机无法替换或替换成本极高，而外在动机替换成本相对较低。

以日常生活中我们工作的例子来说，工作的本质目的是满足个人生理性上衣食住行的温饱需要和社会性上价值实现需要，这两种需要是本源，很难替换，但反过来说，温饱和价值实现一定要通过工作赚钱来满足吗？如果不上班就能满足生理上的温饱需要，相信不少人并不愿意去上班，所以工作赚钱是外在动机。基金经理如果把金融投资活动作为一种兴趣爱好，即使没有工资也喜欢和热爱这份工作，那这就是内在动机；如果基金经理工作的目的是挣更多的钱，这就是外在动机。

外在动机有以下特点：

1. 速效性

例如，在马戏团里，为了让动物们做各种各样高难度的动作，驯兽师们会给它们提供各种各样好吃的食物；在学校里，老师为了激发学生们学习的积极性和热情，会给他们发放小红花、零食、奖状等；在工作单位里，领导为了激发员工的工作热情，会给他们提供高薪和福利……的确，外在动机在激发理想行为、抑制不良行为方面是有效和成功的，因为人类有一种自然的先天倾向——趋利避害，也就是说，只要提供的外在刺激和诱因对个体来说是有利的，是他们所渴望的和需要的，就会激发人们的趋向行动，反之亦然。

2. 短时性

不过，如果行为只是和逃避惩罚、获得奖赏联系在一起，那么很明显，这种行为只会在惩罚与奖赏的条件下出现，而一旦这种条件消失，这些行为就会返回到原来的水平。甚至，我们在现实生活中经常能看到，先给出了奖赏后又撤走奖赏，会使最终的动机水平比没有奖赏出现时的水平还低。

3. 较为被动

因为外在动机的刺激，人们的行为容易趋向功利性，如学生为了逃避惩罚或者获得奖赏而学习，此时，外在动机对其学习行为起着主要的控制作用。学习活动不是出于对学习知识本身的渴望，也不是出于对活动本身的兴趣。

当然，外在动机也是可以向内在动机转化的。

诚然，内在动机比外在动机更为持久稳定，但是从客观层面说，对于任何一个个体，与生俱来的兴趣毕竟是有限的，他们大部分的态度、行为或价值观都是后天习得和培养获得的，是一种内化的过程，动机也是如此。对于那些个体缺乏内在兴趣的行为来说，通常首先需要利用外部刺激给予强化，而后逐渐培养个体对活动本身的兴趣和对行为的控制力，最终通过内部力量操纵行为，完成动机的内化过程。在这里，外在动机可以说是这一过程的前提条件。

瑞安和德西指出，动机实际上是一个从外部控制到自我决定的连续体。连续体的一个极端是完全由外部控制的行为（如为了逃避惩罚而采取的行为），另一个极端则是受到内部激励的行为（如能够带来快乐的活动）。处于连续体中间部分的行为，最初需要通过外部诱因激发，但是在行为过程中，个体逐渐体验到自我决定和自我调节的快乐，从而产生了自我满足感。换句话说，个体之所以能够继续实施这些行为，是因为在活动中感受到了自我的价值和活动的意义。

◉ 内在动机

内在动机的三大要素

我们都知道，内在动机指的是为自己而做某件事，以及为了活动本身固有的回报而做某件事。内在动机的目的是完全参与活动本身，而不是达成某个目标。

爱德华·德西教授指出，如果一项活动是能让人愉快的（存在内在动机），那就不要提供物质刺激（外在动机），否则在人们的心中，这项活动的吸引力就降低了。在德西教授的研究中，他发现了三个影响内在动机产生的重要因素，这三个要素分别是自主权、胜任感和社交关联。下面我们来对这三个要素进行详细分析：

要素一：自主权——选择带来内在动机。

在德西教授的书里，有这样一个案例：

姑妈多年来一直服用高血压药物，但她从来没有很好地遵循医生的处方服药。因为忘记吃药，她经常出现昏厥等症状，不得不被送进急诊室。医生告诉她每天早上必须服药，否则可能发生严重的后果。但是，她还是没有按医嘱服药。后来换了另外一位医生。新医生问她，一天中什么时候服药对她来说是最好的？她说，那就晚上吧，她睡觉前总会喝杯牛奶，可以一边喝牛奶一边吃药。医生同意了她在晚上服药，于是，她开始每天都服药。

感到自己被赋予了权力，有了选择的机会，这对她是一种激励。她的内在动机增强了，因为这个选择支持了她的自主。

同样，你知道为什么中国古代的谋士在给主公出谋划策的时候，通常要给出上策、中策和下策吗？"中策"和"下策"从名字上来看就没有"上策"好，但谋士为什么还要准备它们，并且一定要把详细的细节说出来让主公做选择呢？

没错，其中的关键要素正是自主权。主公或领导只有在多个选项中自己来选取一个方案，再让下属去执行，才能获得内在动机，从而让他觉得这个选择是自己做出的。

要素二：胜任感——成功是成功之母。

感觉胜任这项工作，是人们产生内在满足感的一个重要方面。这种感到自己效率颇高的感觉，本身就是一种满足，甚至可以成为你终身事业的主要动力。

"最理想的挑战"是这里的关键概念。能够胜任微不足道的简单事情，并不能增强胜任感，而重复做轻松就能搞定的事情，会产生厌倦心理。有一点难度，同时又把握得住、搞得

● 内在动机

定,这样的事情所产生的胜任感最合适。

表扬、赞美可以加强当事人的胜任感。当然需要注意的是,要使用非控制性的赞美。在赞美时,如果使用"达到预期"和"做你该做的"等措辞,就是控制性的。

人格心理学家罗伯特·怀特曾经指出,胜任是人们渴望在自身与环境交互时感到强烈高效的感觉,它是人类的一种需求。

要素三:社交关联——归属感下的动机增强。

"你,不是一个人在战斗!"科学家们指出,人们不仅需要胜任和自主,还需要在获得这种胜任和自主的时候感受到与他人的联系,这种联系被他们称为联结的需要,即爱与被爱的需要、关心与被关心的需要。

支持和肯定人们感知到的自主与胜任的社会环境,会增强其内在动机;而削弱人们感知到的自主与胜任的社会环境,会破坏其内在动机。

人人都渴望自由,但自由从不是没有边界的任性而为,而是在一定范围内的自由。真正的自由需要在主动改变环境和尊重环境之间取得平衡,更多的是内心要拥有接纳他人的态度,更要拥有接纳自己的能力。

可见,在归属感的渲染下,无论是儿童还是成人,他们的内在动机都增强了,这就是为什么到今天人们听到这句"你,不是一个人在战斗"时仍能感到振奋人心。

在家庭教育中，对孩子的奖励要恰当

生活中，相信父母们对这样的教育语言并不陌生："宝贝，只要你乖乖待在家里写作业，一会儿妈妈回来就给你带好吃的。""乖孩子，这次期末考试，只要你能考前三名，我们就带你去儿童乐园。""这道题你要是算对了，晚上我们就去吃汉堡。"

在生活中，当孩子取得一定的成绩时，一些父母为了鼓励孩子继续努力，常常会采取一些奖励措施，但奖励只有在正当的情况下，才能产生积极的作用，否则只会起到反作用，让孩子对奖励产生依赖。尤其是物质奖励，总是给孩子物质奖励，会让孩子变得只重视物质利益，而不是真正想要努力学习。一旦有一天他们没有想要的东西了，或者父母没有办法满足他们的要求了，他们就会丧失学习兴趣。

因此，为了鼓励孩子努力学习，父母在奖励孩子时，一定要注意适当、正当地奖励，要以精神奖励为主、物质奖励为辅，并让孩子拥有主导权，从而起到奖励孩子的目的。

○ 内在动机

家长在对孩子提出要求时，不要总是将承诺与奖赏挂钩。特别是在学习方面，也许孩子会为了得到你承诺的奖励而刻苦学习，但这会给孩子的学习带来干扰，不利于孩子正常水平的发挥。同时，如果孩子没能得到你要求的分数，那么尽管成绩进步了，却仍然得不到自己想要的奖励，他自然会觉得委屈，学习兴趣会受到打击，还可能同你发生矛盾，甚至为了得到奖励对你进行欺骗。

天天马上就要上小学三年级了，妈妈为了鼓励他好好学习，提高成绩，决定用物质奖励的办法。在暑假里，妈妈对天天说："只要你三年级第一学期期末考试语文、数学和英语都能考90分以上，我就给你买最新款的球鞋。"

天天下定决心，这次一定要得到球鞋，可是，天天根本不爱学习，一学期过了，马上就要考试了，妈妈的要求他肯定办不到。经过一番思想斗争，天天决定为了自己心爱的球鞋铤而走险，考试时，作弊的天天被老师抓了个正着，不仅考试成绩作废了，而且在全班同学面前作检讨，让他的家长也来到学校。

球鞋没有了，在同学面前也没面子了，做人的诚信也打了折扣，天天懊悔不已，心想：都怪妈妈，为什么非要我考那么高分才肯给我买球鞋呢？天天的妈妈也很难过，心想：我是好心激励儿子努力学习呀，事情怎么会变成这样？

因此，在激发孩子学习动力这方面，家长即使要奖励孩子，也一定要注意从树立孩子的远大理想这一方面出发，尽量奖励一些对孩子学习有帮助的东西，提供一些对孩子成长有帮助的精神奖励等。

在孩子取得一定进步的时候，可以采用多种形式的奖励。但具体来说，我们应遵循以下几条原则：

1. 奖励不能过度

对于孩子的奖励，家长一定要注意一点，孩子毕竟是孩子，没有必要奖励一些高消费产品给他。再者，也不是所有家庭都是高收入的，对孩子奖励太过贵重的东西，容易让孩子产生虚荣心、攀比心，这样既达不到奖励的效果，又娇纵了孩子，与奖励的初衷背道而驰，显然是不合适的。

2. 不要只根据孩子的学习成绩奖励

只要孩子在任何一方面有进步，我们都应该奖励，例如，孩子助人为乐、孩子在游戏中获胜等。而如果我们只在孩子取得好成绩时奖励，那么，孩子就会认为"只有学习才是重要的"。

○ 内在动机

3. 以精神奖励为主

有时候，父母的一句"你真棒"比给孩子几百元钱都更能让孩子产生热情。一般来说，精神奖励的范围很广，如一次书法展、家长的陪伴等。

4. 言出必行

奖励要做到一诺千金，除非你不说，说了就一定要做到，这样的奖励才会让孩子心服口服，达到奖励的预期目的。

5. 让孩子自主选择

奖励孩子的最高级别，就是给孩子一些主导权。例如，当孩子取得好成绩后，你可以问孩子的意见，让他自己决定能得到什么……给孩子一定的主导权，才是最受孩子欢迎的奖励方式。同时，这种给孩子更多主导权的奖励，十分有助于孩子多种能力的培养。

第02章

深入剖析,寻找快乐是人类活动的深层动机

心理学家告诉我们,人类的行为在很大程度上是趋乐避苦所致,而这也是人们众多不良行为的根源,比如懒惰、拖延、行动力不足等。因此,我们要打败这些不良行为,就要将其与意志力结合起来,同时寻找产生快乐情绪的方法,进而激发自己的兴趣和行动力,使自己获得更大的成就。

追求快乐、逃避痛苦是我们的日常动机

生活中，人们常常提到"快乐"一词，那么，快乐是什么样的？大部分的人都会说快乐就是高兴，自己能笑起来就是快乐。但是人们却忘记了，快乐其实是人的本能，更是人类最原始的欲望，也是人类行为的动机。除了追求快乐外，人类行为的动机还有逃避痛苦，正如柏拉图在他的著作《法律篇》中指出的："人类的本性将永远倾向于贪婪和自私，逃避痛苦，追求快乐而无任何理性，人们会首先考虑这些，然后考虑公正和善德。"

麦克是一名在读研究生，一个月前，他的导师就交给他一件任务——完成一篇8页篇幅的论文，预计10小时可以完成。

这一个月内，他曾好几次暗暗下决心，要尽快完成论文，但却总是能找到各种理由拖延，直到要交论文的前一天，他才放弃看电视、打游戏和大吃大喝，开始慌张地搜集资料、列提纲。他感到了巨大的压力，这让他情绪失控、非

◯ 内在动机

常疲惫。

直到将论文邮件发给导师后,他才终于如释重负,巨大的压力瞬间消失。

"快乐原则"源于最原始的生命体"趋利避害"的本能,是一种平时不易察觉却时时在起作用的古老心理机制,唯一的功能就是驱使我们去寻找快乐、避免痛苦。

麦克面临截止期限非常焦虑,为了摆脱"焦虑",他产生了强大的动机,推动着他快速完成了论文。

但是,问题来了,他在这一个月的时间里,曾多次感受到焦虑,为什么迟迟没有付诸行动?

那是因为只要还有时间偷懒,大脑就能快速消除完不成任务所带来的焦虑,方式就是推迟完成任务。

这就是"拖延",在"快乐原则"的指挥下,大脑可以自动分辨做什么事情更快乐:看电视、聚餐、睡觉,甚至打扫卫生,都比写论文要快乐得多。

的确,我们每天都在干什么?毫无疑问,我们在一刻不停地追求快乐。从简单的思辨逻辑看,人有两种存在状态,一种是快乐,另一种是痛苦。快乐就是活跃的、有序的、良好的感知,如呼吸到新鲜的空气、观赏到鲜花的开放;痛苦就是混乱的、无序的、恶劣的感知，如受到寒冷的刺激、受到火焰的炙烤。快乐和痛苦是两种存在形态，一种与存在事物是融合互动、整体合一的；另一种与存在事物是冲突排斥、混乱分离的。这是基本的存在形态，我们不难分辨人本来处于哪种形态，愿意处于哪种形态和应该处于哪种形态。可以说，活跃、有序、稳定、持续是事物存在的正常形态，而混乱、无序、波动、失衡是事物存在的异常形态。人在事物的正常形态下感受到的是快乐，在事物的异常形态下感受到的是痛苦。处在正常的、必然的状态或理想的状态下，人是快乐的；在异常的、偶然的、混乱的状态下，人是痛苦的。人为什么追求快乐和需要快乐？是因为存在的必然要求，人只有在快乐状态中，才与存在有高度的融合与互动，这才是人与存在应该保持的状态。

快乐是事物存在的本态，那痛苦不就没有作用和意义了吗？并非如此，痛苦有不可或缺的作用与意义，痛苦是快乐存在的保证，是快乐的边界与保障，正因为有痛苦的守护，我们才能有快乐。也正因为有痛苦的平衡作用，我们才不会在快乐中失控。人并没有理性的快乐意识，直到如今，人们的快乐仍然是本能的、欲望的甚至是非理性的，被无节制的、非理性的快乐伤害的人还少吗？快乐一不小心就会转为痛苦，人们追求

内在动机

快乐却得到了痛苦，这些都是人的无意识行为造成的结果。

为什么有心理疾病的人，总是通过上瘾来逃避生活？

玩游戏、购物、饮食、喝酒、抽烟等活动，都会使人释放出快乐激素即多巴胺，它能让人感到快乐。

人的动机都是追求快乐，逃避痛苦。对某件事物上瘾正是因为它能够刺激身体产生快乐的激素，让自己忘记痛苦。虽然上瘾能够给人带来快乐，但这个快乐是短暂的，最终仍会给人带来痛苦。

了解快乐的运作模式

对于我们在上一节中提到的研究生麦克的问题——拖延与懒惰,我们并不是无能为力,因为我们能够通过控制自己的注意力,来决定自己要做什么事情,这种能力叫作"意志力"。

但是当你调用"意志力"来和快乐对抗时,很容易失败,因为寻求快乐的本能会强迫我们把注意力转移到能带来快乐的想法和行动上。比如,当你感到气愤或者难过时,会很难把注意力集中在要做的事情上,你更愿意躺在沙发上发呆或者出门大吃一顿。

所以,要想战胜拖延和懒惰,我们要做的就是让"意志力"和"快乐原则"结合起来,共同为重要的事情努力。

罗曼·格尔佩林在书中说道:"解决问题的关键,并不在于培养意志力,而是唤醒一个人内心深处的快乐来发挥作用。"

让我们先来了解一下,"快乐"是如何运作的。

内在动机

有一个学者,他研究的内容就是寻找世界上最快乐的人,于是他走出家门去找这个人。他走了很多路,路上也遇到了很多人,但是他们都说自己并不快乐。

走着走着,这名学者来到了皇帝的大殿上,他看到皇帝坐在用黄金打造的椅子上,他身后是一座藏有数不尽的金银财宝的巨大宝库。

学者对皇帝说:"你一定是世界上最快乐的人了!"皇帝愁眉苦脸地对学者说:"怎么会呢?我日理万机,担忧外敌内患,我怕大臣谋反、窃贼横行,我怕生病、怕死亡……哎!我是世界上最不快乐的人!"

听到世界上最富有和最有权力的人都这么说,学者很沮丧,他从皇宫里一步步往外走,顺着原路往家赶。经过一片荒野时,发现前边有人坐在一堆火旁边,一边唱歌,一边烤着什么东西,他走过去一看,发现这人是一个乞丐,他奇怪地问道:"看样子你一定很快乐了?"乞丐答:"我捡到了半根香肠,晚上不用挨饿了!我现在是世界上最快乐的人!"

大千世界,芸芸众生,各人有各人的活法,各人有各人的快乐,对快乐的理解也大相径庭。不同的人对快乐的追求与体验是完全不同的:孩子们的快乐是小小的,由一串串小细节组成：小游戏、小零食、小礼物、小鼓励；恋人们的快乐在于浪漫的约会、甜蜜的语言，以及出则牵手同行、入则相拥相亲；中年人的快乐是儿成女就，事业有成；老年人的快乐则是宁静、安详、平和……

但是，我们太贪婪了，寻求的不只是"快乐"，而是"增加快乐"，我们会自动选择那些更快乐的事情去做。比如，听课的时候走神、工作的时候反复解锁手机等，因为想一些简单的小事和划划屏幕，比听课、工作要简单快乐得多。

知道了这些，我们就可以从以下几个方面来了解快乐的运作模式：

第一，高层次的成就感产生更大的快乐动机。快乐是有高低之分的，当一个人的生活中充满了各种令人惊喜的成就时，那些嗜睡、吃喝、玩电子游戏等低层次的消遣，便不会对他产生吸引力了。放弃成就感而感受细微的快乐，是很难的。

第二，利用活动过程中产生的快乐动力。如果你在一件事上投入了大部分注意力，这件事就容易让你感到快乐。比如，玩游戏时，玩家会和游戏中的人物共情，感觉是自己住在这个冒险的世界里，必须不断地克服困难实现小目标，最终赢得胜利。这种不断进步所产生的激励作用，会让你自然地感受到满足，达成目标时的愉悦会促使你继续行动。

内在动机

第三,积极的情绪可以无视"快乐原则"的绝对指令。积极的情绪是快乐的特殊来源,无论你现在从事的工作多么困难,积极的态度都会让"快乐原则"获得满足。

第四,充分利用人际交往中的动力。在与人交往的过程中,我们会本能地想要抬高自己在他人心中的地位,想要展示自己的优势所在,这也是一种快乐的来源。

总之,快乐的来源多种多样,只要增加了一点点惊喜,大脑就会在很大程度上得到满足。但要防止快乐原则强迫我们享乐,我们还要调用意志力的力量。与此同时,挖掘快乐产生的根源,并合理运用它们,也能让我们将意志力和快乐原则结合起来,进而让我们快乐地工作和学习。

快乐原则对于企业管理的启示：为员工创造快乐的工作氛围

现代人的平等意识普遍增强了，板起面孔不能真正成为权威。因而，在管理上，以人为本的管理理念便成为激发员工行为的指导思想。正如《哈佛商业评论》前编辑坎特的一句话："善于创造良好工作活力的公司将能够吸引和留住技术最熟练的员工。"美国管理学家蓝斯登认为，心情舒畅的员工，而不是薪水丰厚的员工，工作效率是最高的。

俗话说："可敬不可亲，终难敬；有权没有威，常失权。"在工作环境中，最能够激励人心的做法，莫过于照顾员工的感觉，考虑员工的情绪，关爱员工的需要，帮助员工建立自尊自重的态度，让每个人都能以每天的工作为荣，感受到努力工作的意义。

而现实中，很多企业领导者认为，作为领导，就必须要保持威严，他们大概觉得这样才能赢得下属的尊重，树立起自己的权威，从而方便管理。这是走入了管理的误区。有关调查

● 内在动机

结果表明，企业内部生产率最高的群体，不是薪金丰厚的员工，而是工作心情舒畅的员工。愉快的工作环境会使人称心如意，因而会工作得特别积极。不愉快的工作环境只会使人内心抵触，从而严重影响工作的效率。怎样才能使员工快乐起来呢？美国亨氏公司的亨利·海因茨告诉了我们答案。

亨氏公司是美国家喻户晓的食品公司，它在世界各地都有自己的分公司，年销售额达到了60亿美元，其创办者就是亨利·海因茨。

亨利于1844年出生于美国的宾夕法尼亚州，他在很小的时候，就开始学种菜和卖菜。后来，他创办了亨氏公司，主要经营的是食品业务，由于亨利很擅长经营，不久之后，他就获得了"酱菜大王"的称号。到1900年前后，亨氏公司能够提供的食品种类已经超过了200种，成为美国颇具知名度的食品企业之一。

亨利能将公司经营得如此成功，与其注重在公司内营造融洽的工作氛围是分不开的，在当时，管理学泰斗泰勒的科学管理方法盛极一时。在这种科学管理方法中，员工被认为是"经济人"，他们唯一的工作动力就是物质刺激。所以，在这种管理方法中，业主、管理者与员工的关系是森严的，毫无情感可言。但是，亨利不这样认为。在他看来，金钱固然能促使员工努力工作，但快乐的工作环境对员工的工作促进作用更大。于是，他从自己做起，率先在公司内部打破了管理层与员工的森严关系：他经常在员工中间活动，与这些员工聊天，了解他们对于工作的想法，了解他们的困难，并且给予他们鼓励，他每到一个地方，都能与这个地方的人相处得十分融洽，他虽然身材矮小，但是很受人喜欢，员工工作起来也干劲十足。

是什么使亨利公司的员工们愿意辛勤、卖力地干活？那就是快乐！可以说，亨利公司内部，从亨利自身到基层员工，都是在快乐的工作氛围下工作的。

欧美管理学家经过对人类行为和组织管理的研究，提出了快乐工作的四个原则，即：允许表现；自发地快乐；信任员工；重视快乐方式的多样化。

那么，根据这一原则，管理者该如何为员工创造快乐的工作氛围呢？

1. 开放式的沟通氛围

企业若拥有良好的智力平台和沟通氛围，那么每一个员工就都能得到有效的信息支持，他们便可以自由地获得他们

○ 内在动机

所需要的信息，以帮助他们快速实现个人能力和工作业绩的提升。

美国惠普公司创造了一种独特的"周游式管理办法"，鼓励部门负责人深入基层，直接接触广大职工。为达目的，惠普公司的办公室布局采用美国少见的"敞开式大房间"，即全体人员都在一间敞厅中办公，各部门之间只有矮屏分隔，除少量会议室、会客室外，无论哪级领导都不设单独的办公室，同时不称头衔，即使对董事长也直呼其名。这样的管理方式有利于上下左右通气，创造无拘束和合作的气氛。在能力所及的范围内，每个人都用简单的办法美化自己周边环境，让办公室变得赏心悦目。不管是工厂、卸货区还是洗手间，只要彻底打扫干净，粉刷一新，都能带来新的气象，提升员工士气。

2. 和员工做朋友

正如蓝斯登定律所言，跟一位朋友一起工作，远较在"父亲"手下工作有趣得多。因此，作为企业的领导者，如果你能放下你的尊长意识，去做你下级的朋友，那么，你将会有更多的快乐，也将使工作更具效率、更富创意，你的事业也终将辉煌！

让你快速行动的 15 种方法

对于现代社会总是处于忙碌中的人们,也许拖延问题是他们最难抵制和克服的,拖延也是一种不良的行为习惯。有关资料显示,在大学生中,大约有70%的人有拖延习惯,只是程度不同;成年人中有25%的人有着慢性拖延问题。另外,有研究发现,95%的人希望能减轻他们的拖延恶习,因为拖延已经逐渐影响了他们的生活,一些人正为此而苦恼。

其实,人生苦短,很多事如果拖延就来不及了。比如,享受生活、读书学习、运动、旅行等,也许你会说,我还年轻,有大把的时间,也许你会说,我还有以后,但我们最不能挥霍的就是时间,你怎么确定会有那么多的以后在等着你呢?

人们总是会为自己的拖延寻找各种各样的借口,很多人也正致力于拖延心理的研究,但其实,更深层次的探究显示:人们拖延行为的反复出现是有着深层次的心理原因的。究其原因,就是追求快乐的动机在作祟,拖延的人们总抱着侥幸心理,每当准备完成任务时,想要追求快乐的欲望就会跳出来

内在动机

攻击他们的意志力，让他们继续享乐……

其实，我们需要明白的是，拖延并不能帮助我们解决问题，也不会让问题凭空消失，拖延只是一种逃避，甚至会让问题变得更严重，那么，你为什么还要逃避呢？那些成功者从不拖延。

对于有拖延行为的人来说，如何让他们快速行动起来呢？我们还以前文中阐述的麦克写论文的故事为例，这件事包括了三个因素：放弃手里的遥控器去搜集资料、写论文的过程、交上论文的结果。如果写论文本身是愉快的，或者交不上论文后果很严重，都会让麦克快速行动起来。

这里包含了三种动机：活动前的准备、活动本身和活动的结果。基于此我们提出15种策略，来为你唤起行动的力量。

（1）良心有愧的不悦感：愧疚感是一个不错的动力来源，它促使我们去选择那些有益的活动，而规避无益的活动。

（2）记住目标：时刻考虑到会产生的结果是非常有用的。

（3）不要权衡利弊：大多数时候，权衡利弊会让你最终被追求快乐的动机折服，如起床的时候，你会劝自己多休息一会，美其名曰对身体好。

（4）习惯和联想的力量：把行为和结果紧密联系在一

起,好结果带来的快乐、坏结果带来的焦虑,都会促使你立即行动。

(5)控制我们的环境:可以增设一些因素,让自己远离或者靠近这项活动。

(6)运用社会性动机:和他人一起抱团成长。

(7)分配注意力:通过分配注意力,让自己同时享受乏味和快乐,如边大扫除边看连续剧。

(8)引导注意力:通过引导注意力,来操纵感情的强度,如赖床的时候,可以增加一点不悦感来促使自己完成起床行动。

(9)运用情绪的动力:将自己的一些坏情绪,如嫉妒、气愤、焦虑等变成动力。

(10)运用想象的力量:想要离开沙发去书桌时,可以从第一人称视角出发,具体地想象自己在离开沙发时的具体动作,如移动自己的手臂、腿、身体等。你将会非常惊讶地发现自己真的开始行动了。

(11)犯懒时喝杯茶或者咖啡提提神。

(12)克制当下的需求:写下自己的需求,当自己的目标实现后给自己一定的小奖励。

(13)监控你的专注能力:适时调整工作任务,在专注力差的时候做一些不需要太耗费精力的工作。

（14）以轻微的快乐开启一天：活动一下身体或者听喜欢的音乐。

（15）借助提示物件：把你的目标写下来，贴在显眼的地方。

通过正确的方法和刻意练习，每个人都可以战胜拖延和懒惰，我们有必要找到自己生命的使命，那些我们热爱且有益的事情让我们充满热情，产生激情和动力。目标与动机相互契合的时候，就是最好的时刻，这使我们能够向着正确的方向轻松地前进。

唯有热爱，才能真正让你产生快乐

在前面的章节中，我们已经得知，追求快乐、逃避痛苦是人类活动的根本动机之一，这点固然没有错，但我们任何人都要明白，只有踏实工作才是快乐的真正源泉。不可否认，浮躁的现象在很多人身上存在，具体表现在他们看不到劳动的真正价值，更做不到安心工作，常常心浮气躁，事情刚做到一半，就觉得前途渺茫、失去兴趣，于是，他们只能一事无成。

詹姆斯·巴里说："快乐的秘密，不在于做你所爱的事，而在于爱你所做的事。"工作占据了我们人生中大部分最美好的时光。比尔·盖茨有句名言："每天早上醒来，一想到所从事的工作和所开发的技术将会给人类生活带来巨大的影响和变化，我就会无比兴奋和激动。"

苏格拉底说："不懂得工作真义的人，视工作为苦役。"这句话的含义是，工作是否能为我们带来快乐，取决于我们对工作的看法。因为快乐的秘密，不在于做你所爱的事，而在于爱你所做的事。当我们能做到为自己工作，为明天积累时，你

内在动机

将拥有更大的发挥空间，更多的实践和锻炼机会，找到工作中的乐趣，能够让你在工作岗位上更主动、更积极地处理各项事务，为自己不断开创新的工作机会和发展空间。

我们不妨先来看下面一个故事：

很久以前，在西方，有一个人在死后来到了一个美妙的地方，这里能享受到一切他未曾享受过的东西，包括妙龄美女和美味佳肴，还有数不尽的佣人伺候他，他觉得这里就是天堂。可是在过了几天这样的生活后，他厌倦了，于是对旁边的侍者说："我对这一切感到很厌烦，我需要做一些事情。你可以给我找一份工作做吗？"

他没想到，他所得到的回答却是摇头："很抱歉，我的先生，这是我们这里唯一不能为您做的。这里没有工作可以给您。"

这个人非常沮丧，愤怒地挥动着手说："这真是太糟糕了！那我干脆就留在地狱好了！"

"您以为，您在什么地方呢？"那位侍者温和地说。

这则寓言故事是要告诉我们：失去工作就等于失去快乐。但是令人遗憾的是，有些人却在失业之后，才能体会到这一点，这真的很令人感到遗憾。

的确，在人生中，倘若劳动不能给我们带来至高无上的快乐，那么，即使你能通过其他方式获得快乐，最终的结果也不过是不尽如人意的缺憾。而且，专心致志于工作所带来的，不仅有成就感，还可以为我们奠定做人的基础，锤炼我们的人格。

可见，对于工作，"热爱"才是最大的动力，只有热爱，才会产生意愿、努力、成功。年轻人，从现在起，如果你开始热爱你的工作，那么，你会自然而然地产生积极性并付出努力，就能在最短时间内进步。

可能你会说，你是在为别人打工，再怎么热爱也不会成功。实际上，每个成功者都经历过打工的过程，但对工作的不同态度造就了不同的结果。如果你能抱着学习经验的态度对待现在的工作，那么，工作所能带给你的，要远比工资能带给你的多得多，因为每一项工作中都包含着许多个人成长的机会。而那些因为薪水低而对工作敷衍了事、当一天和尚撞一天钟的人，长此以往，必定会降低自己的价值，使自己的生命枯萎，将自己的希望断送，使自己维持在一种低档次的生活水平上，过着一种庸庸碌碌、牢骚不断的生活，并因此而埋没了自己的才能，湮没了生命应该有的创造力。

内在动机

所以，对一个想要成就一番事业的人来说，老板支付给你的只是薪水，但你一定要在工作中赋予工作更多的价值，在工作中支付给自己更多的东西。

在微软公司，曾有一个临时清洁女工升职成正式职工的故事：

她是办公楼里临时雇佣的清洁女工，在整个办公大楼里有好几百名雇员，她的工资最低、学历最低、工作量最大，而她却是最快乐的人！

每一天，她来得最早，然后面带微笑开始工作，对任何人的要求，哪怕不是自己工作范围之内的，她也都愉快并努力地跑去帮忙。周围的同事都被她感染了，有很多人成了她的好朋友，甚至包括那些被大家公认为冷漠的人，没有人在意她的工作性质和地位。她的热情就像一团火焰，整个办公楼慢慢地都在她的影响下快乐了起来。

盖茨很惊异，就忍不住问她："能否告诉我，是什么让您如此开心地面对每一天呢？""因为我热爱这份工作！"女清洁工自豪地说，"我没有什么知识，我很感激企业能给我这份工作，可以让我有不菲的收入，足够支持我的女儿读完大学。而我对这美好现实唯一可以回报的，就是尽一切可能把工作做好，一想到这些，我就非常开心。"

盖茨被女清洁工那种热爱工作的态度深深地打动了："那么，您有没有兴趣成为我们当中的正式一员呢？我想你是微软最需要的人。""当然，那可是我最大的梦想啊！"女清洁工睁大眼睛说道。

此后，她开始用工作的闲暇时间学习计算机知识，而企业里的任何人都乐意帮助她，几个月以后，她真的成了微软的一名正式雇员。

生活中，你也应该和这位女工一样热爱工作，把工作当成一门学问去研究，当成事业奋斗的理想目标，并努力向上攀登。每一份平凡的工作都是你获取新知识、新经验的来源。

同时，每个公司都需要这样热爱自己工作的人。如果你正在为自己还是平凡岗位的一员而抱怨的话，请调整自己对工作的态度，如果你从现在开始热爱你的工作，不论多平凡的岗位，你都会有不俗的成绩。热爱自己的岗位，做个快乐工作的人吧。

● 内在动机

经营自己的优势，从成就感中获得快乐

我们每个人都有自己的闪光点，这也就是我们所谓的长处，是自己的优势所在，如果我们将它进行深度挖掘、投资，你会惊喜地发现，你的行动往往能取得事半功倍的效果，而你也会因为成就感而获得快乐。

能力是成功的资本，但对很多人来说，发现自己的能力是什么，是一件比较困难的事情。因为他们宁可相信别人，也不相信自己。其实，任何人都不必看轻自己，要相信自己是独一无二的。社会上的大多数人，都只会羡慕别人或者模仿别人，很少有人能认清自己的专长，了解自己的潜能，然后锁定目标，全力以赴。擅长源于兴趣，如果没有兴趣，就不可能产生对一个领域进行接触和深入了解的欲望，当然也就不可能有这方面特长和经验的培养和积累。

每个人的优势不同，善于发掘自己的长处，做自己擅长的事，其实这就是属于你自己的一笔宝贵财富，将优势发挥到最大化，不断给大脑充电，不断给予优势一定的营养，你会发

现你正在将自己的财富升值。

在竞争的路上,那些具有灵性、聪明的人都知道应该寻找最合适自己的方法。做擅长的事,走熟悉的道路,这就是通向成功的捷径。走捷径会使你摆脱很多不必要的干扰,会使你觉得成功近在咫尺。

离开了自己熟悉的地方,放弃了自己最擅长的事,在激烈的竞争中,往往就会败下阵来。拿自己的劣势跟别人的优势相抗衡,就像用鸡蛋去撞击石头,结果会很惨烈。

美国微软公司总裁比尔·盖茨有一句口头禅:"做自己最擅长的事。"这句话被众多企业家认同。如果你留心那些成功人士,就会发现他们的一个共同特征:不论智商高低,也不论他们从事哪一种行业、担任何种职务,他们都在做自己最擅长的事。

盖洛普名誉董事长唐纳德·克利夫顿曾说过:"从成功心理学看来,判断一个人是不是成功,最主要的是看他是否最大限度地发挥了自己的优势。"可往往有些人不在意这些事,觉得天底下没有自己干不了的事,没有自己做不成的行业,盲目地"挑战极限",结果不言而喻。

无论一个人具备多么好的天赋、多么高的智商,他也不能将所有能力收于囊中,难免存在优势与劣势。就才能而

内在动机

言，有人敏于感知，有人善于记忆，有人强于创造，有人思维活跃，有人逻辑缜密，有人判断客观，有人处事巧妙……既然人各有所长，也各有所短，那就应该处理好"长与短"的关系。但凡聪明的人，都会懂得"善用其长，不显其短"的道理。一般来说，善取长弃短者，都能将自己的优势发挥到最大，反之"舍长就短者"，便难以称为智者。

当然，光有优势还不够，还需要我们不断经营、不断学习，否则，我们反而会在自己的优势上跌倒。

三个旅行者同时住进了一个旅行社。早上出门时，一个旅行者带了伞，另一个旅行者带了一个拐杖，第三个旅行者什么也没有拿。

晚上回来的时候，拿伞的旅行者淋得浑身是水，拿拐杖的旅行者跌得浑身是伤，而第三个旅行者却安然无恙。

拿伞的旅行者说："当大雨来的时候，我因为有了伞，就大胆地在雨中走，却不知怎么就被淋湿了，当我走在泥泞路上的时候，我因为没有拐杖，所以走得非常仔细，专拣平坦的地方走，所以就没有摔伤。"

拿拐杖的说："当大雨来临的时候，我因为没有带雨伞，便找能够躲雨的地方走，所以没有淋湿。当我走在泥泞路上的时候，我便用拐杖拄着走，却不知为什么常常跌倒。"

第三个旅行者听后，笑道："当大雨来临时，我躲着走，当路不好时，我小心走，所以我没有淋湿，也没有跌倒。你们的失误在于你们有凭借外力的优势，并认为有优势便少忧患。"

以上的故事，揭示了我们生活中的一类现象：许多时候，我们不是跌倒在自己的缺陷上，而是跌倒在自己的优势上。

可是，到底怎样做才能让自己更好地发挥优势，避免它的牵绊呢？

第一，我们在意识上一定要重视，重视事情的各个方面，每一个方面，每一个细节；不要因为它影响小，就轻视它；不要因为它简单，就轻视它；不要因为它从来没发生过问题，就轻视它；意识上不能有一点疏漏，哪里有疏漏，哪里就有可能被"病毒"侵入。所以，我们在生活和工作中，都需要认真对待每一件事，有意识地重视每一个细节。可以做不到，但不能意识不到。

第二，避免骄傲自大。被自己的优势绊倒，和自己内心过于轻视问题、骄傲自大是有很大关系的。总是觉得自己某些方面很强，从而掉以轻心，忽视了不断学习强化自己的过

● 内在动机

程,所以最终败给了自己。朋友们,不论自己有多优秀,我们也要懂得谦虚做人。骄傲是自己的天敌,不断学习才能获取更大的成功。我们要学会合理利用自己的优势,不断地去强化自己,把优势发挥到更高的水平,而不是依赖它,把优势变成阻挡你前进的绊脚石。

第03章

端正动机，强大的自我控制力需要内在动机的参与

自控能力，也就是自我控制能力，它是个人对自身的心理和行为的主动掌握；是个体自觉地选择目标，在没有外界监督的情况下，适当地控制、调节自身的行为；是抑制冲动、抵制诱惑、延迟满足、坚持不懈地保证目标实现的一种综合能力。要想获得强大的自我控制能力，我们必须要端正内在动机，这样我们才有强大的信念支持和持久的动力，才能获得根本性改变。

第03章 端正动机,强大的自我控制力需要内在动机的参与

美好的人生建立在自我控制的基础上

前面,我们通过分析了解到,人类的行为都由内在动机驱使,唯有找到内在动机,才能产生某一行为的动力。而对致力于提升自控力的人们来说,要想练就强大的意志力,就要认识到,高度的自由源于高度的自制,要想获得美好的人生,就必须要学会自我控制。

古人云:"天将降大任于是人也,必先苦其心志,劳其筋骨,饿其体肤,空乏其身,行拂乱其所为,所以动心忍性,曾益其所不能。"古之成大事者,往往都能做到"动心忍性",而这种自制力的来源就是自控心理,一个人只有认识自我,才能战胜自我、超越自我。

金无足赤,人无完人,人最大的敌人是自己。只有能够战胜自我的人,才是真正的强者。很多时候,自控力对于人就好像汽车的方向盘对于汽车一样。不难想象,一辆汽车,如果没有方向盘,就不能在正确的道路上行驶,最终只能走向车毁人亡。而一个自控力强的人,就像一辆有着良好制动

◉ 内在动机

系统的汽车一样，能够在很大程度上随心所欲，到达自己想要去的任何地方。因此，我们可以说，美好人生，就是从有自控力开始的。

保罗·盖蒂是美国的石油大亨，但谁也没想到的是，他曾经有严重的烟瘾，烟抽得很凶。

曾经有一次，他在一个小城市的小旅馆过夜，半夜的时候，他的烟瘾犯了，就想找一根烟抽，但他摸了摸上衣的口袋，发现是空的。他站起来，开始在包里、外套口袋里等地方寻找，可是都没有。于是，他穿上衣服，想去外面的商店、酒吧等地方买。没有烟的滋味很难受，越是得不到，就是越想要，他当时就是很想抽烟。

就在盖蒂穿好了出门的衣服，要伸手去拿雨衣的时候，他突然停住了。他问自己：我这是在干什么？

盖蒂站在门口想，一个应该算得上相当成功的商人，竟然在半夜要冒雨、走几条街去买一盒烟！没多会儿，盖蒂下定了决心，脱下衣服换上睡衣回到了床上，带着一种解脱甚至是胜利的感觉，几分钟就进入了梦乡。

从此以后，保罗·盖蒂再也没有吸过香烟，他的事业也越做越大，成了世界顶尖富豪之一。

第03章　端正动机，强大的自我控制力需要内在动机的参与

在故事里，我们看到了一个真正的强者，他懂得约束自己的行为，懂得为自己的所作所为负责。这样的人必定能在人生道路上把握好自己的命运，不会为得失越轨翻车。

生活中的我们也要认识到这一点，一个人的自控心理和自控力如何，直接关系到他在人生路上走得是否平稳，那些有所成就者的必备的特质之一就是自控力强。相反，一些人之所以会做那些让自己后悔的事，归结起来，大多是因为自制力薄弱，抵挡不住诱惑，因此做了不该做的事。

的确，自控心理能帮助我们抵制很多不良习惯，如懒惰、拖延等；能缓解不良情绪，如冲动、愤怒、消极等；能抵御外界形形色色的诱惑……而如果你无法控制自我，那么，那些不良的行为和情绪就会占据主导地位，从而控制你，你很快就会失去奋斗的激情、学习的动力，甚至会偏离人生的正确方向，误入歧途。

可能你也听过这样一句话："要毁灭一个人，必先使他疯狂。"这句话的意思是，一个人一旦失去自制力，那么，他距离灭亡也就不远了。的确，如果连自己的行为也不能控制，又怎么能做到以强大的力量去影响他人，并获得成功呢？

那么，我们该如何培养自己的自我控制能力呢？

内在动机

1. 结果比较法

你不妨也学习一下那些成功人士思考问题的方式,让自己的心静下来,多分析分析事情的前因后果:如果多花些时间学习,会取得什么样的结果;如果贪玩,把时间花在吃喝玩乐上,又会有什么样的结果。其实,你可以制作一个表,在表里填入现在忍耐吃苦的话,将来会获得什么快乐;现在就急于享乐的话,将来会承受什么痛苦。比较之下,你就能看到事情的不同面和不同结果,自然也就知道当下的自己该做什么了。

2. 成功者刺激法

这种方法,需要你首先选定几个你认为已经很成功的人,如比尔·盖茨,戴尔·卡耐基,松下幸之助……当然,你也可以选择一个你认为很优秀的身边人,了解一下他们是怎么勤奋工作、学习的。有了行为样本,你就会想到那些人正在干什么,你也就可以自觉取舍了。

3. 行为惯性法

你可以给自己划定一个比较容易拿得出的固定时间,规定在这个固定的时间内,只能做哪些事情。例如,每天晚上十一点(睡觉前)喝一杯牛奶,这是很容易做到的,你的头脑会渐渐地变得愿意执行任务。在习惯之后,你再逐步加入一些难度大的任务,一切形成习惯之后,自制力也就随之形成了。

总之，任何人想要有所作为，都要懂得自制，唯有自制的人，才能抵制诱惑，有效地控制自身，把握好自我发展的主动权，驾驭自我。一个人除非能够控制自我，否则他将无法成功。

○ 内在动机

自控力的两种威胁

我们都知道,一个能战胜自己的人是无敌的。通常,我们遇到的最强大的对手往往不是别人,而是自己。我们要想参与激烈的竞争,并在竞争中取胜,就必须首先做到自控,一个有自控心的人能够不断克服陋习、完善自己,一个不能自控的人却会被自己的一个小缺陷轻易击败。人的强大或弱小,是由能否战胜自我决定的。然而,并不是所有人都能控制自己的行为,这是因为很多时候,在我们生活的周遭世界里,总是会出现一些动摇我们内心的威胁,这些威胁让我们摇摆不定,忘却了该如何做正确的决定,甚至做出错误的事来。关于对自控力的威胁,我们可以总结为两大类:

1. 当危险逼近的时候

当我们遇到危险的时候,我们会本能地抵抗。比如,当别人用武器击打你,你会用手挡住自己的头部,然后可能会自卫反击;当别人辱骂我们时,我们也可能会以牙还牙;当别人做了一些对我们不利的事时,我们会生气、愤怒……事实

第03章　端正动机，强大的自我控制力需要内在动机的参与

上，事后我们会发现，这些行为并不一定是正确的，甚至有时候会让我们陷入情绪带来的恶性循环中，愤怒与生气及其他一些负面情绪对于解决危险本身并无益处，反而还会让我们找不到头绪。此时，"心"的自控很重要，我们应该学会将注意力和感知力集中在危险源和周边环境上，而非自身或其他什么东西上。

在一次抓捕行动中，一位经验丰富的士兵被抓住了，如何在保护组织的情况下让自己活下来呢？在思考了一会儿后，他立即想到，唯有装聋作哑才能做到。

不过，敌军也不是吃素的，这些军官也怀疑他是不是伪装的聋哑人，于是，他们开始运用各种方法盘问他，无论是诱惑还是欺骗，他都不为所动。于是，到最后，敌军审判官只好说："好吧，看起来我从你这里问不出任何东西，你可以走了。"

这名士兵当然明白，这只不过是审判官检验他是否在说谎的一个方法而已。因为一个人在获得自由的情况下，内心的喜悦往往是抑制不住的，如果他此时听到审判官的话后立即表现得很愉快或者激动，那么，证明他听得到审判官的话，他就不打自招了。因此，他还是站在原地，仿佛审

○ 内在动机

问还在进行。最后，这名审判官不得不相信，他真的不是间谍。

就这样，这位士兵因为自己超强的自制力而活下来了。

看完这个故事，可能你也会惊叹：多么精明的士兵。

俗话说：态度决定一切。这就是说，一个人如果情绪糟糕、容易冲动，往往会把一切事情都办糟糕。

在这一问题上，拿破仑·希尔也是这样做的。每当他遇到别人用难听的言辞来批评他时，他总能做到自我屏蔽，让自己避开无谓的烦恼。这成为拿破仑的一生中一个非常重要的能力，他说："我知道，一个人只有先具备了自控能力，才能去控制别人。"

2. 当诱惑逼近的时候

我们在前面的章节中已经指出，人都有追求快乐的根本动机，而诱惑便会让人产生快乐。当人在遭遇诱惑时，他的大脑会自动释放出一种叫作多巴胺的神经递质，它会影响人的注意力、动机和行动力。

诚然，我们每个人都有欲望，欲望是不可能消除的，但我们必须学会对抗和控制它。尤其在物质财富极大丰富、文化多元的现代社会中，我们如果不能控制欲望，那么，便很容易

第03章 端正动机，强大的自我控制力需要内在动机的参与

迷失自我。

有一家大公司准备用高薪雇用一名小车司机。经过层层筛选和考试之后，只剩下3名技术最优良的竞争者。主考官问他们："悬崖边有块金子，你们开着车去拿，觉得能距离悬崖多近而又不至于掉落呢？"

"两米。"第一位说。

"半米。"第二位很有把握地说。

"我会尽量远离悬崖，越远越好。"第三位说。

结果第三位竞争者被留了下来。

可见，对于诱惑，你没有必要去和它较劲，而应离得越远越好。

总之，在诱惑尤其是不良诱惑面前，我们一定不能"上当"，而应该做到端正动机：一旦找准了目标，就要一心一意。更要懂得外界的诱惑对我们来说都是成功道路上的绊脚石，但是这些绊脚石和我们生活上遇到的困难不一样，不能把它当作垫脚石，我们要远离这些诱惑，更要学会抵制诱惑。这样，我们才会离成功更进一步。

总之，趋利避害、寻求快乐是人的本能，危险和诱惑是

内在动机

对我们意志力的威胁,要提高自己的意志力、对抗这两种威胁,我们需要从"心"做起。你应该问自己的是"我的身体到底在做什么"而不是"我到底在想什么",当你得出正确的答案时,你也就能采取正确的行动了。

第03章 端正动机，强大的自我控制力需要内在动机的参与

对抗"玩心"，真正的快乐来自心灵的充实

我们都知道，人的天性是追求快乐、逃避痛苦，而人们获取快乐的一个重要的方法便是"玩"，在玩的过程中，人的身心能得到放松，人们能忘却很多现实生活中的烦恼。但一味地追求玩乐只会让我们逐渐失去自控能力和斗志，让我们的行为偏离正确的轨道，久而久之，我们离自己的目标只会越来越远。古人说的"玩物丧志"，大致也就是这个道理。

然而，我们不得不承认的一点是，现代社会，随着物质生活水平的提高和科学技术的进步，很多人被周围的花花世界诱惑了，一有时间，他们就置身于灯红酒绿的酒吧、歌厅，就连独处时，他们也宁愿把精力放在玩游戏、上网上，而时间一长，他们的心就再也无法平静了。他们习惯了天天玩乐的生活，丧失了曾经的斗志，最后只能庸庸碌碌地过完一生。

因此，无论何时，我们都要控制自己的"玩"心，享乐只会让我们不断沉沦，闲暇时我们不妨多花点时间看书、学习，不断地充实自己，才能在未来激烈的社会竞争中立于不败之地。

内在动机

"每天下班后,我宁愿去图书馆看看书,也不愿意和一群人聚在酒吧。每读一本书,我都能获得不同的知识,有专业技能、有人生感悟、有风土人情、有幽默智慧,我很享受读书的过程,每次从图书馆出来都已经夜里十点了,在回家的路上,看着路边安静的一切,感受风从耳边吹过,我真正感到了内心的安宁。同事们都说我这人太"宅"了,但我觉得,这样的生活很充实,内心有书籍陪伴,我从不感到孤独。实际上,在很久以前,我也是个爱玩的人,常常和朋友喝酒喝到半夜才回家,一到周末就约朋友出去吃饭、唱歌,我很少一个人待着,有时候,当我一个人在家,我也会找一些娱乐项目,如上网、打游戏、跳舞等,我觉得自己根本闲不下来。

但就在我三十岁生日那天,发生了一件令我这辈子都无法释怀的事,我有一个朋友,那天晚上,我们喝得很多,离席后,他自己回去了,谁知道在半路上出了车祸。我很后悔,假如我们不喝酒,就不会出事,从这件事以后,我改变了对人生的看法,如果我的下半生还是这样浑浑噩噩地过,那么,这和一具行尸走肉又有什么区别呢?

后来,在一个图书馆管理员朋友的推荐下,我开始接触各种各样的书籍,从这些书中,我学到了很多……"

这是一个深爱读书、拒绝玩乐的人的内心独白。的确，他说得对，一个整天玩乐的人就如同一具行尸走肉，真正发自内心的快乐其实并不是玩乐能带来的，而是要靠努力充实自己的心灵才能感受到。当然，如果你是一个爱玩的人，那么，从现在开始学会自控、纠正自己的玩乐心理并不晚，以下方法可以供你参考：

1. 替代法

当你想玩乐的时候，你不妨做一些其他比较轻松的活动。比如，如果想玩游戏，你可以改为运动、唱歌、看书等，当你沉浸在其他活动中的时候，游戏对你的诱惑就会慢慢消减了。

2. 比较法

你可以在内心做一个比较：此时"玩"与"不玩"会有什么区别？以玩游戏为例，玩游戏可能会耽误你的学习和工作，影响你的休息，但"不玩"，你会节约出很多时间从事其他事情，相比较而言，很明显更明智的选择是后者。长期的心理比较会让你逐渐降低对游戏的欲望。

3. 矫正玩乐心态并不意味着要杜绝玩乐

你不可能完全限制自己的玩乐行为，毕竟一个人不可能二十四小时都工作或者学习。因此，你最好学会循序渐进地调

○ 内在动机

整，你可以为自己制订一些小计划，如限制玩乐的时间。但无论如何，你一定要完成自己的计划，如果你完成不了，那也一定要找出原因，逐步改善自己的自控能力。

能够控制自己往往是在理性的时候，而不想控制自己往往是在感性的时候。所以要矫正自己的玩乐心态，就要进行理性的心理建设。当然，对于玩乐，没有人能够完全避免，所以只能改善。

第03章　端正动机，强大的自我控制力需要内在动机的参与

了解自控的重要性，有助于摆正动机

我们都知道，金无足赤，人无完人，人最大的敌人是自己。自控就是一个不断战胜自我的过程，而也只有能够战胜自我的人，才是真正的强者。

事实上，自控对于任何一个人来说都十分重要，在工作和生活中，它能督促自己去完成应当完成的工作任务，能抑制自己的不良行为。了解自控的重要性，有助于我们摆正动机、提升自控力。

巴西球员贝利被人们称为"世界球王""黑珍珠"，他在很小的时候，就表现出惊人的足球天赋。

那次，贝利和他的同伴们刚踢完一场足球赛，已经筋疲力尽的他找小伙伴要了一支烟，并得意地吸了起来。然而，这一切都被他的父亲看在了眼里，父亲很不高兴。

晚饭后，父亲把正在看电视的贝利叫过来，然后很严肃地问："你今天抽烟了？"

内在动机

"抽了。"贝利知道自己做错了事,但也不敢不承认。

令他奇怪的是,父亲并没有发火,而是站了起来,在房间里来回踱步,接着说:"孩子,你踢球有几分天资,也许将来会有出息。可惜,抽烟会损害身体,你现在抽烟了,这会使你在比赛时发挥不出应有的水平。"

听到父亲这么说,小贝利的头更低了。

父亲又语重心长地接着说:"虽然作为父亲的我,有责任也有义务教育你,但真正主导你人生的是你自己,我只想问问你,你是想继续抽烟还是想做一个有出息的足球运动员呢?孩子,你已经长大了,该懂得如何选择了。"说着,父亲还从口袋里掏出一沓钞票,递给贝利,并说道:"如果你不想做球员了,那么,这笔钱就拿给你做抽烟的经费吧!"父亲说完便走了出去。

看着父亲的背影,贝利哭了,他知道父亲的话有多大的分量。他猛然醒悟了,拿起桌上的钞票还给了父亲,并坚决地说:"爸爸,我再也不抽烟了,我一定要当个有出息的运动员。"

从此以后,贝利再也不抽烟了,不但如此,他还把大部分时间都花在刻苦训练上,球技飞速提高。他15岁进入桑托斯职业足球队,16岁进入巴西国家队,并为巴西队永久占有"女神杯"立下奇功。如今,贝利已成为拥有众多企业的富翁,但他仍然不抽烟。

欲胜人者必先自胜。胜人者有力,自胜者强。谁征服了自己,谁就取得了胜利。对自己苛刻,征服自己的一切弱点,正是一个人伟大的起始。但凡成功的人,都有极强的自制力。

以下是关于不断完善自己、提升自制力的建议:

1. 认识到自制力的重要性

你要培养坚定的自制力,首先要发自内心地认识到自律的重要,然后才能自觉地培养自制力。只有坚决地约束自己、战胜自己,最终才能战胜困难,取得成功。

2. 为自己设立适宜的目标

你的自我期望要建立在符合自己的实际情况、切实可行的基础之上。作为一个渴望成功的人,你应该有理想、有志向,但这种理想和志向,不能是高不可攀的,也不应当是唾手可得的,而应该是通过一定的努力可以实现的适宜的目标,应该符合个人的个性特点和实际能力水平。

3. 自制力的培养是一个循序渐进的过程

培养自制力,这是一个循序渐进的过程,因为自制力

● 内在动机

不可能是一念之间产生的,也不是下定决心就可以瞬时形成的,其形成需要一个过程。如果你给自己规定从明天开始就要好好学习,那么一旦达不到目标,你就会产生挫折感和无力感,丧失改变自己的信心。所以,自制力的形成不要期望一蹴而就。

的确,我们遇到的最强大的对手往往不是别人,而是自己。因为人的缺点常常是很顽固的,即所谓"江山易改,本性难移"。若你想做到自我突破,让自己再上一个新台阶,就必须克服自身的缺点。一个自律的人能够不断克服陋习、完善自己,一个不能自律的人却会被自己的一个小缺陷轻易击败。人的强大或弱小,是由能否战胜自我决定的。

第03章　端正动机，强大的自我控制力需要内在动机的参与

把握分寸，如何避免自控力太强

我们都知道，自控能力是一种内在的心理功能。心理学家认为，自控力比智商更重要，在各种非智力因素的动力系统中，自控力起着一种枢纽的作用，它能调动其他非智力因素的积极方面，消解它们的消极方面，使人按照理性的要求去行动。良好的自控能力是一个成熟的人能够进入理性社会最重要的因素。

一些国外的先哲名人对此也有着精辟的见解，英国伟大的戏剧家莎士比亚曾说："人啊，你要自助！"心理学家与哲学家威廉·詹姆斯说过："播下一个行动，你将收获一种习惯；播下一种习惯，你将收获一种性格；播下一种性格，你将收获一种命运。"没有自控力，就没有好的习惯。没有好的习惯，就没有好的人生。

然而，我们可能没有认识到的是，自控能力是一个相对概念，如果一个人时时刻刻想要控制自己，按照完美的标准来要求自己，那么这个人也会容易走向极端。我们先来看下面一

内在动机

个案例：

周末这天，小吴终于抽出时间，离开了令人窒息的办公室，她把自己的朋友玲玲约出来，两人约在了一家咖啡厅见面。

"最近怎么样？"玲玲问道。

"什么都好，就是这个工作，快让我崩溃了，以前做小职员的时候倒还好，现在一当主管，原以为做了领导可以轻松点，但没想到事情更多，什么事都要我亲自处理。"

"我看你呀，就是太追求完美了，从上学的时候开始就是这样，你若哪次考试不是第一名，你就会难受很久，并且一定要赶超他人。毕业后在工作上也是如此，你总是要求尽善尽美，不允许自己出一点错，对下属和同事也是如此。其实，你现在已经是领导了，很多事你不去做，而是交给下属会更好。"

"怎么说？"小吴不理解玲玲的意思。

"你想啊，如果你是下属，你的领导什么都不让你干，还什么都要插手，你怎么想？是不是觉得领导不相信你的能力？"玲玲说完后，小吴点点头。玲玲继续说道："那就是啊，你自己累个半死，还吃力不讨好，你看那些大公司的领导为什么那么闲，没事就去打高尔夫什么的，就是因为他们懂得放权，把工作交给下属做，这样不仅锻炼了下属的能力，更重要的是，这是一种信任下属的表现。"

玲玲的一番话点醒了小吴，她觉得是该调整一下自己的工作和生活方式了。

我们发现，这则案例中的小吴是一个对自己和他人都要求很严格的人。拥有较强的自控能力对于一个人的工作和生活及人生都是有益处的，它能使我们在正确的轨道上行走。然而，凡事都有度，过度就会适得其反。自控力太强，很容易让一个人对自己要求过分苛刻，使其陷入极端状态。例如，当他犯了一点错误时，他便会悔恨不已，甚至会妄自菲薄，贬低自己；那些自控力太强的人会时刻警惕自己的行为是否得当，他们会比那些凡事淡定的人活得更累。

因此，我们每个人都要记住，再美的钻石也有瑕疵，再纯的黄金也有不足，世间的万物没有完美无瑕的，人也不例外。我们每个人都不可能一尘不染，在道德上、在言行上都不可能没有一点错误和不当。人总是趋于完美而永远达不到完美。因此，我们不要对自己和别的人有过高的、不切实际的要求，我们都是普通人。

那么，生活中，我们怎样做才能避免自控力太强呢？

○ 内在动机

1. 不要强迫自己

在自控的时候，我们不要有强迫自己的感觉，试着在生活中找一些自己做起来感觉舒服的事，比如偶尔的放纵。然后再为自己制订一些小计划，难度不要太高，但一定要能完成，完成不了，也要找到原因。你可以找一本笔记本，将自己的心路历程记起来，在迷茫的时候翻开看看，会帮助你改善自己的自控能力。

2. 失败的时候请原谅自己

原谅自己的失败。想一想，如果你的好朋友经历了某些挫折，你会怎样安慰他？你会说哪些鼓励的话？你会如何鼓励他继续追求自己的目标？这个视角会为你指明重归正途之路。

德国大文学家歌德曾说："谁若游戏人生，他就一事无成；谁不能主宰自己，就永远是一个奴隶。"就一般人而言，如果缺乏自控能力，那么他一般不容易实现自己既定的人生目标，难以获得家庭的幸福和事业上的成功，其情绪容易受外来因素的干扰，使其行为与人生目标反向而行。但我们要将自控能力控制在一定的度内，否则，自控力就会给我们带来负面影响。

端正心态，不断训练逐步获得自制力

我们都知道，意志力被认为是一个人心理素质优劣、心理健康与否的衡量标准之一，意志力也是人们对抗快乐本能的唯一方式，更是人生未来成功的关键因素之一。而自控力是意志力的一个重要方面，生活中的每个人在追逐人生目标的过程中，都有必要在自控力这一方面训练自己，它不仅能对我们当下性格品质的形成有帮助，而且对我们今后的人生道路也有很大的影响。

韩愈自幼父母双亡，是哥嫂将其抚养大，因此，与一般的孩子相比，他显得更为成熟和努力。从七岁开始，他就能出口成章，后来，因为受牵连，韩愈的哥哥被贬至岭南，他只好和哥哥嫂嫂一起去了岭南生活，但几年后，他的哥哥去世了，他只好跟着嫂子带着哥哥的灵柩从岭南回到中原。那时正值兵荒马乱，他们只得半路停在宣州（今安徽宣城）。可以说韩愈命途坎坷，历尽艰苦。

内在动机

尽管世事艰难、生活艰苦,但韩愈不但没有被击垮,反而更加专注于学习,后来韩愈曾在《进学解》一文中,借学生之口说出他在治学方面所下的功夫:"焚膏油以继晷,恒兀兀以穷年"。这句话的含义是,白天苦读,即使到了夜里,也需要点煤油灯继续用功。正是靠着这样的努力,韩愈学问精湛,尤其是散文写得气势磅礴,文采斐然,成为"唐宋八大家"之首的大文豪。

韩愈的一生坎坎坷坷,但勤奋的他最终还是取得了文学上的辉煌。人的本性中,有很多消极的部分,其中就有惰性,而无疑,懒惰是成功的阻碍。而要克服惰性,你就需要自制。反之,如果一个人自认为自己是聪明的就不继续学习,那么,他就无法使自己适应急剧变化的时代,就会有被淘汰的危险。

南北朝时,有一位名叫江淹的人,他是当时有名的文学家。江淹年轻的时候很有才气,会写文章也能作画。可是当他年老的时候,总是拿着笔,思考了半天,也写不出任何东西。因此,当时人们谣传说:有一天,江淹在凉亭里睡觉,做了一个梦。梦中有一个叫郭璞的人对他说:"我有一支笔放在你那里已经很多年了,现在是还给我的时候了。"江淹摸了摸怀里，果然掏出一支五色笔来，于是他就把笔还给郭璞。从此以后，江淹就再也写不出美妙的文章了。因此，人们都说江郎的才华已经用尽了。

当然，我们需要控制的不仅是惰性，还有诱惑、贪婪、自私等，那么，我们该如何增强自己的自制力呢？为此，我们不妨从以下几个方面训练自己：

1. 充分预测困难，做好准备

无论做什么事情，都需要专注，但在朝着这个目标去努力的过程中，会有很多困难接踵而至。如果你在做事之初没有准备好，那么这样的突袭会很容易使你的意志溃不成军。所以，在做每件事情之前，你都要充分预测可能遇到的阻碍和诱惑，并为之做好准备，想到应对的办法。

2. 全局思考

通常当我们想为了快乐而去做一些不必要的事情时，为了让自己心安理得，我们会给自己找一些借口，比如郁闷、没心情学习等，这些借口大部分都过分强调即时性，实际上我们有意识地过分夸大了这些看似紧急但毫无意义的事情。这时我们可以微笑着问自己："这是不是借口？"然后从全局来考虑：我是不是要追求远大的目标、长久的快乐？我的人生目标难道是看更多的精彩节目？这些即时的东西对我有什么实质帮助？相比学习，如果去贪图眼前的小快乐，自己将会损失那个远处的大快乐，值不值？权衡之下，你会做出明智的决定。

3. 自我暗示

当自己学了一会儿就感到静不下心时，可以闭上眼睛，调整呼吸，然后有意识地把自己学习一段时间后产生的厌倦情绪忘掉，暗示自己其实是刚刚开始学习，然后做出奋斗的表情开始继续学习。

第04章

挖掘潜能，激活自己的内驱力向目标进发

生活中，很多人之所以行动迟缓、效率低下，原因之一就是他们缺乏动力——也就是目标，正因为缺乏目标，他们无法激发自己的内在动机，他们要么迟迟不肯动手，要么一直在瞎忙，无论如何，他们都未做成事。为此，现实生活和工作中的我们，有必要明确一点：你到底该做什么，该怎样做。相信你只有明确目标，才能激活内驱力、挖掘潜能，成就自己的事业。

找到真正感兴趣的事，获得持久的内驱力

我们都知道，人是拥有巨大的潜能的，而人的潜能是隐藏的，需要一种强烈的追求来激发，这就是兴趣。心理学研究表明，人一旦对某种活动或某个事物产生兴趣，他就会倾注热情，就能提高从事这种活动的效率。

德国哲学家尼采曾说："如果你想了解最真实的自我，那么，你首先要真诚地回答以下几个问题：什么能让你感到灵魂得到了升华？什么能填满你的内心、让你感到喜悦？你究竟对什么东西着迷过？只要回答了这些问题，便能明白自己的本质。那便是真正的你。"

尼采这句话的含义是，一个人，只有找到令自己最感兴趣的事物，才能激发出自己的激情，才能让自己狂热起来，也才会有所成就。

的确，在前文中我们已经指出，人作为一种生物，所有的行为都是直接或者间接按照自己意志——也就是内在动机去行动的，而这一切都必须要有足够的外界压迫或者一时的发

内在动机

奋暂时充当动机,但是任何纯被动的行为都是无法持续太久的。只有有了内在的动机——兴趣,奋斗、努力的行为才能够高效地持久下去。

人们常说"兴趣是最好的老师",科学家丁肇中用6年时间读完了别人10年的课程,最后终于发现了"J粒子",并获得了诺贝尔奖。记者问他:"你如此刻苦读书,不觉得很苦很累吗?"他回答:"不,不,不,一点儿也不,没有任何人强迫我这样做,正相反,我觉得很快活。因为有兴趣,我急于要探索物质世界的奥秘,比如搞物理实验。因为有兴趣,我可以两天两夜,甚至三天三夜待在实验室里,守在仪器旁。我急切地希望发现我要探索的东西。"

可见,兴趣是我们的原动力,有了兴趣,才有无穷的动力使你在某个领域当中越钻越深。有了兴趣,才有勤奋;有了勤奋,才成就了辉煌和成功。

我们熟悉的居里夫人的丈夫比埃尔·居里是很多人学习的榜样,他的经历同样告诉生活中的我们,人生路上,只有找到让自己感兴趣的事,才会产生热情,才会产生源源不断的奋斗动力,也才是幸福的。

比埃尔·居里于1859年5月15日出生于巴黎一个医生家庭

里。他在童年和少年时期,并没有显示出与众不同的聪明。那时候的他性格内向,喜欢独自沉思,不易改变思路,沉默寡言,反应缓慢,不适应普通学校的灌注式知识训练,不能跟班学习。人们都说他心灵迟钝,所以他没有上过小学和中学。

为此,父亲常带他到乡间采集动、植、矿物标本,培养了他对自然的浓厚兴趣,让他学到了如何观察事物和如何解释问题的初步方法。居里14岁时,父母为他请了一位数理教师,他的数理进步极快,16岁便考得理学学士学位,进入巴黎大学后两年,又取得物理学硕士学位。1880年,他21岁时,和他哥哥雅克·居里一起研究晶体的特性,发现了晶体的压电效应。1891年,他研究物质的磁性与温度的关系,提出了居里定律:顺磁质的磁化系数与绝对温度成反比。他在进行科学研究的过程中,还自己创造和改进了许多新仪器,如压电水晶秤、居里天平、居里静电计等。

比埃尔·居里的成功让我们明白,一个人爱好学习,勤奋读书,就会学有所获。其实,不仅是学习,要想建筑成功的大厦,就必须有先天的或经后天培养而成的兴趣基础。有了兴趣,才有可能培养和形成敏锐的感觉与反应,累积可供运用和发挥的技术与技巧。

内在动机

　　因此，我们在做自我剖析前，一定要记住，只有先搞清楚让自己狂热的事物是什么，才能明确内在动机，获得内驱力，找到奋斗的方向。一个人如果在自己感兴趣的领域里从事自己最擅长的事情，那么，他成功的概率就会大大提高。

心念目标，唤起行动的力量

前面，我们已经给出了能唤起行动力量的15种方法，其中就有记住目标这一点。的确，人生不能没有目标和规划，如果没有规划，你就会像一只黑夜中找不到灯塔的航船，在茫茫大海中迷失了方向，只能随波逐流，达不到岸边，甚至会触礁而毁。而在做任何一件事前，我们也都必须做好计划，计划是为实现目标而需要采取的方法、策略，只有目标，没有计划，往往会顾此失彼，浪费精力和时间。

当然，对于未来的规划，不仅是我们对目前趋势的合理预测，更需要我们能调和自己的内在动机，其中就包含了我们的直觉、信念还有价值观。对未来的规划，是将所有的这些因素糅合在一起，所得出的一个全新的目标。

的确，我们在潜意识中极为渴望某件东西或者某个目标的时候，实际上就是给自己设定了一个远景目标，而且，这种渴望获得的欲望越强烈，奋斗的动力也越充足。在这样的情况下，我们的大脑处于兴奋状态，我们会思路清晰、精力充

● 内在动机

沛，对于手头的事有热情，然后就能完成难以完成的任务，克服很难克服的困难，最终调动自己的潜能，达到最终的目标，实现梦想。

所以，接下来，你不妨找出你的人生目标。

你可以拿出一支笔、几张纸和一块表，将时间限定在十五分钟内。然后，你挑出一张纸，在纸的最上端写下问题：我的人生目标到底是什么？当然，这里的目标，在不同的人生阶段是不同的，所以你可以把人生目标看成自己当前看待人生的方式和视角。

接下来，你可以花上两分钟的时间列出所有的答案，比如，谈一场恋爱、去攀登珠穆朗玛峰、环游世界等。当然，你也可以列出一些在别人看来是幻想的事，毕竟，人有目标和梦想总是好事，你也不需要为这些想法负责。不过，你也应该写下一些具体的目标，比如，为家庭、为社会能做出什么贡献，在经济和精神层面的目标等。

然后，你可以多给自己两分钟，对刚才列出的清单进行必要的修改，达到让自己满意的水平。

如果仔细反省一下现在的生活模式，你或许能增添一两条内容，比如说，你在工作之外还有大把的业余时间，如果拿来为自己充电的话，是不是对未来的职业前景更有帮助？如果你有阅读报纸的习惯，那说明你希望了解时事信息，并希望从中找到乐趣……

诚然，我们应该肯定远景规划的重要意义，但这并不代表我们应该固守目标、一成不变，很多专家为那些求学的人提出建议，建议他们要不断调整自己的目标。也许你一直向往清华北大、一直想排名第一，但是根据第二步的分析，如果这些目标经过努力仍无法实现的话，你就应该调整自己的目标，否则不能实现的目标会使你失去信心，影响学习的效率，因此有一个不切实际的目标就等于没目标。

其实，不仅是学习，做任何事，我们都要及时调整自己的计划，我们做事不能盲目，策略的第一步应该是明确自己的目标，有目标才会有动力，有了动力才能够前进。但在总体目标下，我们可以适当调整自己的计划，平时多做一手准备，多检查计划是否合理，就能减少一点失误，多一分把握。

我们要根据自己的实际情况，制定一个通过自己的努力能够实现的目标，并且目标不应是一成不变的，要根据实际情况不断进行调整。经过一段时间的实践，你一定会确定一个能给自己带来持续动力的目标。

因此，你可以把自己的远景规划细化，把大目标分成若干个小目标，把长期目标分成一个个阶段性目标，最后根据

◯ 内在动机

细化后的目标制订计划。另外，由于不同的工作有不同的特点，所以你还应根据手头任务制定细化的目标。细化目标也能帮助我们及时调整自己的目标。

总之，如果你是个向往事业成功的人，就要懂得根据当时的情况和环境采取适当的行动方案。要懂得审时度势，让自己的潜意识坚信一点：只有将环境与事业发展的远景规划融合在一起，才能最终实现事业成功。

目标清晰，内在动机能发出明确的行为指令

在前文中，我们已经提及，内在动机能让我们的行动听从指挥。也就是说，你给了它一个行动的目标，它就会自动帮你实现，这就好比巡航导弹的目标追寻机制，能帮助你不断接近乃至击中目标。然而，生活中的很多人并没有达到自己的目标，这是因为，他们的目标并不清晰明确。

举个最简单的例子，你到了某个城市，上了一辆出租车，希望司机能载你去某个地方，但是你竟然花了五分钟时间描述你想要去的那个地方，相信此时司机一定会感到迷茫，并拒绝为你服务。其实，你的潜意识也是如此，面对混乱不堪的目标，它们也无法执行。因此，你首先要做的就是明确你的目标，知道从哪里着手。

在我们的工作和生活中，很多人都称自己太忙了，他们总是匆匆忙忙、从未停下脚步来歇歇，然而，他们真的忙出成果了吗？相信大部分人的回答是否定的，既然如此，他们的忙就是无效的，因为他们做事毫无头绪、没有目标或者目标不明

○ 内在动机

确。磨刀不误砍柴工，我们有必要在做事前先制定目标，这样，我们的内在动机在发出行为指令时才更有目的性。

那么，该怎样制定目标呢？我们先来看下面的故事：

在唐朝贞观年间，有个和尚要到西天去取经。他需要一匹马，在长安城有一匹马，平时在大街上驮东西，和尚就选中了它，准备骑着它去西域取经。这匹马有个很好的朋友，是头驴子。平时驴子都在磨坊里面磨麦子。这匹马临走之前跟它的好朋友道了别。这匹马一走走了十七年，十七年之后驮着满满的佛经回到了长安城。和尚受到了英雄般的欢迎，这匹马也一举成名。这匹马回到它当年的好朋友驴子的磨坊里面，发现驴子还在。它们两个就诉说起十七年的分别之情。这匹马跟这头驴子讲述它这十七年的所见所闻：它见到了非常浩瀚的沙漠、一望无边的大海；去过连一条木头都浮不起来的黑水河；去过一个只有女人，没有男人的女儿国；去过一个鸡蛋放到石头上能够煮得熟的火焰山。

马讲了很多很多。这头驴子听完流着口水说："你的经历可真丰富呀！我连想都不敢想！"这匹马就接着讲："我走的这十七年你是不是还在磨麦子呀？"这头驴子说："是呀！"这匹马就问它每天要磨多少个小时，这头驴子说八小时。马说："我和唐大师当年，平均每天也要走八小时，这十七年我走的路程和你走的路程是差不多的。可是关键在于，当年我们朝着一个非常遥远的目标前进，这个目标有多遥远，我们根本看不到边，可是我们方向明确，始终朝着目标迈进，最后终于修成正果。"

我们在笑话驴子的同时，是否也应该反省一下自己呢？实际上，很多人就过着如同故事中的驴子般的生活，每天工作8小时，每天都重复着同样的工作，每天的工作都是在原地转圈圈，毫无建设性的进展。就这样安于现状，十年、二十年之后，当周围的人已经步入成功的殿堂之后，他还在原地打转。而有些人，没有甘于围着磨盘打转，他们有梦想、有目标，并且认准目标一直向前走，即使因为种种原因走了弯路，但是大方向是不变的，因为梦想在前方指引着他们，他们知道，那才是他们的终点。

美国的一位心理学家曾经指出："如果一个铅球运动员在比赛的时候没有目标，那么，他的成绩一定不会很好。如果他心中有具体的目标，铅球就会朝着那个目标飞行，而且投掷的距离就会更远。"这个比喻非常形象，它具体地说明了目标的重要性。当我们有了一个追求的目标时，才会不懈努力，向心

内在动机

中既定的目标前进。

我们强调做事要立即行动、绝不拖延，但这并不意味着我们可以盲目做事。事实上，如果在无目标的状态下做事，会拖延更多的时间，因为我们需要花时间重新审视自己的行为和方法。

所以，我们只有树立明确的目标，制订出详尽的计划，才能让潜意识投入实际的行动，才能收获成就感和满足感。

那么，具体来说，我们该怎么做呢？

1. 制订完善的计划和标准

要想把事情做到最好，你心中必须有一个很高的标准，不能是一般的标准。在决定做事情之前，要进行周密的调查论证，广泛征求意见，尽量把可能发生的情况都考虑进去，尽可能避免出现1%的漏洞，直至达到预期效果。

2. 制订计划时不要超过你的实际能力范围，而且内容一定要详尽

比如，如果你想学习英语，那么你不妨制订一个学习计划，安排星期一、星期三和星期五下午五点开始听20分钟的英语录音磁带，星期二和星期四学习语法。这样一来，你每个星期都能更实在地接近、实现你的目标。

3. 做事要有条理有秩序，不可急躁

急躁是很多人的通病，但任何一件事，从计划到实现的

阶段，总要经历一个过程，也就是需要一些时间让它自然成熟。假如过于急躁而不甘等待的话，就会经常遭到破坏性的阻碍。因此，无论如何，我们都要有耐心，能压抑那股焦急不安的情绪，才不愧是真正的智者。

总之，在做事的过程中，我们若想成功，就必须让自己的心更有方向。也就是说，在下定破釜沉舟的决心前，我们一定要明确自己的目标和方向。

◯ 内在动机

运用想象的力量,将潜在的巨大内驱力释放出来

在唤醒行动力这一方面,在前文中我们已经指出,可以运用想象的力量,比如当你想象自己去做某件事、达成什么目标时,你会非常惊讶地发现自己真的开始行动了。因为潜意识是没有分辨能力的,对于事情的真假不会进行区分,只要对潜意识不断地重复明确清晰的目标,潜意识就会助你实现目标。

事实上,任何一个成功的人都是爱做梦的,也就是说,他们善于想象,因为他们知道什么是潜意识的力量。爱因斯坦也曾说,想象力比知识还要重要,任何一个人,无论你的目标有多大、梦想有多远,只要你敢于想象,都有可能达成。

多年前,有一位穷苦的牧羊人领着两个年幼的儿子以替别人放羊来维持生活。一天他们赶着羊来到一个山坡,这时,一群大雁鸣叫着从他们头顶飞过,并很快消失在远处。牧羊人的小儿子问他的父亲:"爸爸,爸爸,大雁要往哪里

飞?""他们要去一个温暖的地方,在那里安家,度过寒冷的冬天。"牧羊人说。他的大儿子眨着眼睛羡慕地说:"要是我们也能像大雁那样飞起来就好了,那我就要飞得比大雁还要高,去天堂,看妈妈是不是在那里。"小儿子也对父亲说:"做个会飞的大雁多好啊,那样就不用放羊了,可以飞到自己想去的地方。"

牧羊人沉默了一下,然后对两个儿子说:"只要你们想,你们也能飞起来。"两个儿子试了试,并没有飞起来。他们用怀疑的眼神看着父亲。牧羊人说,让我飞给你们看,于是他飞了两下,也没飞起来。牧羊人肯定地说:"我是因为年纪大了才飞不起来,你们还小,只要不断地努力,就一定能飞起来,去想去的地方。"儿子们牢牢地记住了父亲的话,并一直不断地努力,他们长大以后果然飞起来了,他们发明了飞机,他们就是美国的莱特兄弟。

这个真实的故事再次使我们坚信:一个人如果在内心看到了自己成功后的画面,想象着自己成功的样子,他就能从潜意识中获得能量,就能坚持不懈地为之努力,那么,他最终一定会是一位成功的人。人生中有许多这样的奇迹,看似比登天还难的事,有时轻而易举就可以做到,其中的差别就在于非凡

○ 内在动机

的信念。

事实上，许多人在潜意识的激励下，勤奋工作，逐步成长为独当一面的人才。据说，人有70%的潜能是沉睡的。

所以，在我们的现实生活中，我们想要实现的目标，其实都是在想象当中提前实现过的，随后才会真的达成，足见想象的能量。

现代社会中的每个人都希望获得成功，而个人信心是至关重要的，尤其在充满不确定性的当代社会中，人心脆弱，保持对社会和自己的自信心和凝聚力就显得更加重要。如果一个人总是觉得自己无论做什么事情都会失败，这个人通常真的比较容易失败。反过来说，如果一个人对自己有信心，目标清楚，手段明确，最后往往比较容易成功。

因此，我们应该明白的是，我们应该保持乐观正面的心态，对自己进行积极的心理暗示，在心中构建成功后的画面。那么，内在动机就会接收你的指示，然后按照你的指示去行动，最终，你必定能成为一个真正有所作为的人。因为你的信念将会在心中生根发芽。

通过自我想象，你完全可以相信奇迹的发生，也许一些人会觉得难以置信，但是奇迹不是时时刻刻在我们的生活中发生着吗？比如，从前人们认为通信只能是飞鸽传书或者是骑马送信，而现在一封电子邮件就能将你所有想说的话在第一时间内传达给对方。很久之前，人们认为登月简直是无稽之谈，但这一幻想也实现了；古时人们远游一次要花上几个月乃至几年时间，但是现在只要几小时的飞行，你就能置身异域风情之中。

并不是所有人都会相信自己一定能成功，但是最后的成功者都是敢于想象的人，因为他们知道，只有自己相信目标的实现，潜意识才会把这个目标吸引到我们周围，最终引领我们创造奇迹。

所以，生活中的人们，如果你正在为一件事努力，那么，你不妨想象一下自己成功后的样子，你要相信自己一定能成功，一定能做到。那么，你便能化压力为动力，便会产生超越自我和他人的欲望，并将潜在的巨大内驱力释放出来，进而最终获得成功。

○ 内在动机

关注社会性动机，与积极上进的人为伍

在唤起行动力的15种策略中，社会性动机是我们不得不关注的一点，毕竟社会是一个大集体，我们谁也不可能脱离社会而独立存在，他人会对我们的行动力产生重要影响，多与积极上进的人为伍，我们也能变得动力十足。的确，人就像一个磁场，无论什么样的人都会像磁场一样影响别人，就像积极阳光的人会让你豁然开朗，开心豁达的人让你心情舒畅，积极的人给予你积极的影响，消极的人给你消极的影响。有句谚语叫作：跟着好人学好人，跟着巫婆跳假神。

"积极的人像太阳，照到哪里哪里亮；消极的人像月亮，初一十五不一样。"和什么样的人在一起，就会有什么样的人生。和勤奋的人在一起，你不会懒惰；和积极的人在一起，你不会消沉。因此，在人际交往中，如果你想提升自己的价值，有一番作为，就远离消极的人，与积极上进的人为伍吧！否则，消极者会在不知不觉中偷走你的梦想，使你渐渐颓废，变得平庸。生活中最不幸的是：由于你身边缺乏积极进取的人，缺少有

远见卓识的人，你的人生变得平平庸庸，黯然失色。

古有"孟母三迁"，足以说明和谁在一起的确很重要。雄鹰在鸡窝里长大，就会失去飞翔的本领，怎能搏击长空，翱翔蓝天？野狼在羊群里成长，也会"爱上羊"而丧失狼性，怎能叱咤风云，驰骋大地？我们在交友的时候，一定要懂得"近朱者赤，近墨者黑"的道理，取长补短，分清糟粕，尽量和比自己优秀的人交往，并"见不贤而内自省"，这样才能进步。

孟子，名轲。战国时期鲁国人。孟子三岁时父亲去世，由母亲一手抚养长大。孟子小时候很贪玩，模仿能力很强。他家原来住在坟地附近，他常常玩筑坟墓或学别人哭拜的游戏。母亲认为这样不好，就把家搬到集市附近，孟子又玩模仿别人做生意和杀猪的游戏。孟母认为这个环境也不好，就把家搬到学堂旁边。此后，孟子就跟着学生们学习礼节和知识。孟母认为这才是孩子应该学习的，心里很高兴，就不再搬家了。这就是历史上著名的"孟母三迁"的故事。

对于孟子的教育，孟母更是重视。除了送他上学外，还督促他学习。有一天，孟子从老师子思那里逃学回家，孟母正在织布，看见孟子逃学，非常生气，拿起一把剪刀，就把织布机上的布匹割断了。孟子看了很惶恐，跪在地上请问原因。孟

内在动机

母责备他说:"你读书就像我织布一样。织布要一线一线地连成一寸,再连成一尺,再连成一丈、一匹,织完后才是有用的东西。学问也必须靠日积月累,不分昼夜勤求才能得来。你如果偷懒,不好好读书,半途而废,就像这段被割断的布匹一样,变成了没有用的东西。"

孟子听了母亲的教诲,深感惭愧。从此以后专心读书,发奋用功,身体力行、实践圣人的教诲,终于成为一代大儒,被后人称为"亚圣"。

孟子的母亲因为怕孟子受到邻居的影响,连搬了三次家,这就说明了榜样的作用。

人的情绪和心态都是能相互影响的,与积极者交往,我们也会变得阳光起来,远离抱怨、自私、消极。然而,我们生活的周围,却到处充斥着这样一些人:他们只会责怪别人不好、只会责怪社会,我们可以发现,他们中从来没有人会真正实现自己的梦想,因为这些人只顾着挑剔别人的缺点,却从来不关心、不检讨自身的不足。对社会有诸多不满的人,不仅自己的人生前途黯淡,而且也会把这种不满的情绪传染给其身边的朋友。

相对而言,我们有必要有意识地尽量远离这些人,就算他们有别的长处，但毫无疑问，他们还是会成为你人生中的负面影响。事实上，对世界充满抱怨的人，几乎无法在社会上立足，就连有没有其他"长处"也值得怀疑。

不是有这样的观念吗？"大多数人带着未演奏的乐曲走进了坟墓。"如果你想像雄鹰一样翱翔天空，那你就要和群鹰一起飞翔，而不要与燕雀为伍；如果你想像野狼一样驰骋大地，那你就要和狼群一起奔跑，而不能与鹿羊同行。与积极上进的人为伍，你就会离成功越来越近。与人接触是人成长中的重要一课，与积极向上的人为伍，所思所想、所见所闻均积极乐观，可以受到积极心态的感染，使我们思想开朗豁达，从而像他们一样积极地看问题，思考问题，形成正确的思维方式，养成良好的习惯！

○ 内在动机

淡化焦虑，情绪也能产生动力

在一切都飞速发展的现代，几乎每个人都生活在重重压力之下。不管是在职场精英、家庭主妇，还是成长期的孩子身上，纯粹的、毫无负担的快乐都已经不复存在，每个人都各司其职，肩负着自己生活的重任。这一切的一切，都是无穷无尽的压力。倘若我们觉得生活本就艰难，那么这些压力会让我们变得非常痛苦和焦虑，甚至让我们感到喘不过气来。然而，无论我们以怎样的状态面对压力，都不能改变现状。

事实上，只要我们端正内在动机，一些坏情绪本身，如嫉妒、气愤、焦虑等都能变成动力。因此，与其痛苦地面对压力，不如积极主动地拥抱和改造压力。当你把压力转化为动力，你心中因为压力而起的焦虑也会随即烟消云散。相反，你甚至会觉得全身都充满了力量，就像一架原本疲惫得即将散架的机器，在经历充电和机油的润滑之后满血复活一样。

确实，我们发现，越来越多的人在重压下陷入了亚健康状态，他们不但神色萎靡，而且体力也大大不济。在这种情况下，我们必须首先保证自己有强壮的体魄和健康的状态，然后才能奋起作战，抵抗压力。在身体健康状况良好的情况下，我们才有余力保养自己脆弱的心灵。没错，和肉体相比，心灵显得更加脆弱。虽然心灵依附于肉体存在，但却是支撑人们精神大厦的重要支柱。尤其是当人们的心中杂草丛生时，焦虑也就见缝插针，如影随形，挥之不去。由此可见，我们必须更好地面对生活中的重重压力，化压力为动力，才能赶走焦虑，还自己清净明亮的天空。

小王已经30岁了，她大学一毕业就留在了上海，她的梦想就是在上海站住脚，所以她工作起来简直就是"拼命三娘"。在公司的众多程序员中，小王作为女性，也不得不经常加班熬夜，对此，很多男同事都劝说小王不要这么拼，毕竟是女孩子，将来找个有实力的男朋友就一切都解决了。然而小王自己知道，她出身农村，父母至今依然在农村面朝黄土背朝天，因此她只能拼，而不能指望依靠任何人。

上个月，全公司都在全力加班，虽然上司念及小王是女孩子，因而给了她特权早些下班休息，但是小王不甘落后，和男同事们一样通宵编写程序。果不其然，没过多久，小王就病

内在动机

倒了。这一病，让她元气大伤。

被前来探望的同学抱怨为何如此拼命，小王的眼眶红了，说："我家是农村的，父母都在受穷，砸锅卖铁才供我读完大学，我不拼又能怎样呢？"同学又气又急地说："你呀，就是头脑过于死板。你也不能让自己被压力压死吧，工作是为了更好地生活，不是结束生活。要是你能把压力化成动力，每天都安排好工作和生活，满血复活，岂不是更好吗？你这样透支体力，只会导致事情更加糟糕。要是你父母知道，该多么心疼你！关键是这样并不能解决问题啊！"同学走后，小王躺在病床上思索很久，终于认清了问题的本质。是啊，我为什么不能把压力转化成动力呢？要是每天都浑身充满力量地面对工作，一切不是会更好？想通其中的道理后，小王不再当"拼命三娘"了。她把力气匀称地使出来，对时间也进行了合理安排，果然效率非但没有降低，反而大大提高。如今的小王，不再觉得自己被压力压得喘不过气来，而是觉得生活中的每一天都充满了希望。

在这个事例中，幸好有同学的点拨，小王意识到了这暂时的拼搏并不能解决根本问题，唯有调整好身体和心理的状态细水长流，才能让这一切更加长久可靠。不仅小王需要如此，那些生活中因时刻背负压力而片刻不敢休息的人，也应该进行如此深入理性的思考，为自己的人生找到合理长久的道路。

现代社会中，几乎每个人都能感受到巨大的压力。但是，我们把压力挂在嘴边，非但于事无补，反而会让我们身心俱疲。因而，我们必须合理分担压力，将其转化为持续的动力，最终才能实现自己的梦想，得到自己想要的生活。

很多时候，压力并非来自外界。外界的各种因素，实际上只是压力的诱因，压力产生的根本原因在于我们的内心。人们对于金钱名利等身外之物，总是难以取舍，犹豫不决。在这种情况下，压力应运而生。此外，陌生的环境也会给我们造成强大的压力，毕竟人习惯于在自己熟悉的环境中生活与工作。如果一个人适应能力很强，在面临陌生的环境时压力就会小一些，反之则压力很大。

第05章

摆脱迟滞的行为模式，
强化内在动机提升行动力

现代社会，随着生活和工作节奏的加快，我们每个人都在马不停蹄地往前赶，或许现在的你已经感到十分疲惫了，再也没有刚开始工作时的激情了，你从前的积极性也消失了，开始逐渐形成了拖延症。此时，我们必须要强化自己的内在动机，认识到拖延思维的负面影响，才能摆脱迟滞的行为模式，提升行动力。

第05章　摆脱迟滞的行为模式，强化内在动机提升行动力

改变动机，随时处于能够立即行动的战斗状态

生活中，很多人想成功，但只愿意付出很少的努力。而那些成功者之所以会成功，是因为他们即使害怕也会行动，而大多数人正是因害怕而没有作为。约翰·沃纳梅克——美国出类拔萃的商业家这样说过："没有什么东西是你想得到就能得到的。"成功的人与那些蹉跎人生的人的最大区别，就是行动！如果你追溯那些成功人士的奋斗之路，你就会感叹："难怪他会做得这么好！"什么样的行动能获得最大的成功呢？是马上行动！

现代社会，无论是职场还是商场，其竞争的激烈度都如战场。假如你也渴望成功，那么，你就应该牢牢地记住，我们一定要改变自己的动机，要认识到执行力的重要性，因为现代社会，执行力就是竞争力，成败的关键就在执行。

美国钢铁大王安德鲁·卡内基在未发迹前的年轻时代，曾担任过铁路公司的电报员。

内在动机

有一天，正值放假，但卡内基需要值班。就在这个平凡的值班日，却发生了一件意想不到的事。

躺在椅子上休息的卡内基突然听到电报机滴滴答答传来了一通紧急电报，吓得他从椅子上跳了起来。电报的内容是：附近铁路上，有一列货车车头出轨，要求上司知会各班列车改换轨道，以免发生追撞的意外惨剧。

这可怎么办？现在是节假日，能下达命令的上司不在，但如果不现在决策的话，就会产生一些不可预料的危机。时间慢慢过去了，事故随时可能发生。

卡内基不得已，只好敲下发报键，冒充上司的名义下达命令给班车的司机，调度他们立即改换轨道，最终避开了一场可能造成多人伤亡的意外事件。

当做完这一切后，卡内基心里开始紧张起来，因为按当时铁路公司的规定，电报员擅自冒用上级名义发报，唯一的处分是立即革职。但他又一想，这一决定是对的。于是在隔日上班时，他便将辞呈写好放在了上司的桌上。

但令卡内基奇怪的是，第二天，当他站在上司办公室的时候，上司当着卡内基的面，将辞呈撕毁，拍拍卡内基的肩头，说："你做得很好，我要你留下来继续工作。记住，这世上有两种人永远在原地踏步：一种是不肯听命行事的人；

另一种则是只听命行事的人。幸好你不是这两种人的其中一种。"

卡内基之所以成功，是因为他有成功者的品质，这一点在他未发迹时就已经显现出来了。可见，成功者之所以能够成功，就取决于他是否能控制住自己拖延的心，是否有立即执行的习惯。反之亦同，失败者之所以失败，在于他无法端正内在动机，并为自己的拖延找借口。

有人说世界上的人分别属于两种类型。成功的人都很主动，我们叫他"积极主动的人"；那些庸庸碌碌的普通人都很被动，我们叫他"被动的人"。仔细研究这两种人的行为，可以找出一个成功原理：积极主动的人都是不断做事的人。他真的去做，直到完成为止。被动的人都是不做事的人，他会找借口拖延，直到最后证明这件事"不应该做""没有能力去做"或"已经来不及了"为止。

有人说，天下最悲哀的一句话就是：我当时真应该那么做却没有那么做。每天都可以听到有人说："如果我在那时开始做那笔生意，早就发财了！"或"我早就料到了，我好后悔当时没有做！"一个好创意如果胎死腹中，一定会叫人叹息不已，感到遗憾，而如果彻底施行，当然也会带来无限的

◯ 内在动机

满足。

的确，每天都有几千人把自己辛苦得来的新构想埋葬掉，因为他们不敢执行。过了一段时间以后，这些构想又会回来折磨他们。如果你不想让自己成为这些人中的一员，那么，就从现在开始行动吧！

那么，该怎样克服拖延的坏习惯呢？以下几点可供我们参考：

1. 承认拖延

承认自己有拖延的习惯，有意愿克服才能成功解决问题。

2. 找到拖延的原因

很多人迟迟不敢动手，是因为害怕失败，如果是这一原因导致了拖延，那么，你就应该强迫自己做。假想这件事就非做不可，最后你会惊讶地发现事情竟然做好了。

3. 严格地要求自己，磨炼你的毅力

爱拖延的人多半都是意志薄弱的，当然，磨炼自己的意志并非一朝一夕就能做到的，需要你从小事、简单的事做起，并坚持下来。

4. 端正动机，别总为自己找借口

如"时间还早""现在做已经太迟了""准备工作还没有做好""这件事做完了又会给我其他的事"等，这些借口只会使你无限期地拖延下去。

5. 坚持到最后，获得成就感

一鼓作气地完成任务很容易让人对事情产生厌烦感。做到告一段落时便停下来，这会给你带来一定的成就感，保持你对任务的兴趣。

6. 要摆正态度，直面责任

"积极高昂的态度能使你集中精力完成自己想要的东西。"在工作中应始终保持平常心，在任何时候，工作和责任始终捆绑在一起，工作越好，责任越大，没有工作也就无所谓责任，要敢于负责。

一个人之所以懒惰，并不是因为能力的不足和信心的缺失，而是因为平时养成了轻视工作、马虎拖延的习惯，以及对工作敷衍搪塞的态度。要想克服懒惰，必须要改变态度，以诚实的态度，负责、敬业的精神，积极、扎实地努力对待工作，才能做好工作。

● 内在动机

拖延的根本动机是享受现在的欢乐、延迟痛苦

不得不承认,在我们的生活中,从员工到总裁,从学生到社会青年,从家庭主妇到职场人士,拖延的问题几乎会影响到每一个人。最了解我们的,始终是我们自己,你是否有拖延的习惯,也许你的上司、你的家人、你的老师并不知晓,但是你自己清楚,或许现在的你已经陷入了拖延的泥潭中,如果有,那么是时候解决这个问题了。

的确,成功者与失败者最大的区别之一就是是否具有立即执行的品质。生活中的每个人,要想在日后有所作为,也必须从现在开始就养成立即执行的习惯,而如果你有拖延症,你要做的第一步就是克服自己的拖延心理。

如果你确实不清楚自己是否有拖延症,那么,我们可以认识几种拖延的形式和症状。那些有拖延习惯的人,也多半都是拖延心理在作怪,而且,他们总是会为自己寻找各种借口,想要克服拖延的习惯,必须先抛弃拖延的心理。如果不下决心现在就采取行动,那么事情永远不会完成。

的确，我们都会在某种程度上犯这种错误，将今天应该做完的事情推到明天；享受现在的欢乐，延迟不可避免的痛苦。但我们同样知道，即使在当下我们可以将这痛苦抛出脑海，它最终仍然会到来，会狠狠地击中我们并扰乱我们外在的平静。那么，拖延症有哪些形式呢？

1. 目标不明确

一些人总是拖延、觉得人生无望，就是因为他们找不到立即执行的原动力。有目标的人绝不会陷入迷茫，如果我们看不到未来清晰的愿景，又怎么会有动力呢？而当一个人总是带着明确的目标工作时，他还会总是寻找借口拖延吗？

为此，我们要对将要达到的目标和为何这样做的原因有个清晰的构想，这样你才会有足够的动力去努力并完成任务。

2. 惰性

惰性总是与拖延相伴相生。你会发现，那些你不愿意做的工作，往往是你不喜欢做的事或者是难做的事，因此，要克服拖延心理，你首先要克服惰性。万事开头难，要把不愿做但又必须做的事情放在首位，而对于难做的事可以试着把困难分解开，各个击破；对于那些难做决定的事，则要当机立断，因为最坏的决定是没有决定。

○ 内在动机

3. 低效率地忙碌

忙于做事并不意味着高效率，要善于利用每天的不同时间段。一般来说，上午头脑清醒，特别是起床后第一个小时是效率最高的时候，可以将一些难度大且重要的工作放在此时进行。下午大脑一般比较迟钝，可以做一些活动量大又不需太动脑筋的工作。这将有助于你提高工作效率，使工作早日完成。

4. 疲劳的借口

很多时候，人们拖延时会以疲劳为借口，但实际上，真正令人们疲劳的还是无休止地拖延一件事。一定程度上来说，疲劳是可以控制的，如果我们早点休息，按部就班地完成任务，坚持做一件事，我们就能减少疲劳、增强自信心，逐渐克服拖延心理。

5. 自制力差

在现代社会，我们更容易受技术和额外刺激的影响，从而更难保持注意力集中。在做事之前，我们最好先排除那些可能造成干扰的因素，比如手机、网络等。

6. 害怕失败

对结果感到害怕是拖延的另一个原因。一些人害怕失败，是因为他们没有良好的完成任务的能力，因此他们推迟行动。不管你信不信，还有另一些人会害怕成功。他们可能知道完成特定的任务会给他们带来一些并不想要的结果。因此，我们要对完成或不完成一项任务的结局有明确的认识。

总之，你需要明白，拖延并不能帮助我们解决问题，也不会让问题凭空消失。拖延只是一种逃避，甚至会让问题变得更严重，那么，你为什么还要逃避呢？那些成功者从不拖延。

○ 内在动机

克服拖延症，从改变拖延思维开始

现代社会，很多人尤其是年轻人，都有着做事拖拉的习惯，也就是我们说的拖延症。他们害怕接受工作任务，甚至经常到最后一刻才开始执行；他们认为晚一点再做也可以，结果一步步拖下去，最终也没开始；他们总是对未来有着各种各样的憧憬，但始终没有迈出第一步……对于我们每个人来说，拖延的习惯都会影响到我们做事的效率，无论是在职场上还是在学校里，都会给别人留下懒散的印象。

形形是一名撰稿人，她是个爱好自由的人，正因如此，她才没有和其他同学一样朝九晚五地上班，不过，现在的她似乎已经有点懒散了，她通常的工作方式是：当领导把任务交给她的时候，她会从傍晚时间就开始酝酿感情，但是她会先去超市买几包零食，比如酸奶、咖啡、薯片等，然后回到家，打开电脑，吃完零食，和聊天工具上的朋友们都聊完以后再玩几个小游戏。不知不觉时间过去了，当大家在网络上跟她说晚安的时候，她想睡觉，但是稿子还没赶出来，她感到很焦躁，只好打开文档，这才开始慢吞吞地敲着字。正因如此，她上交稿件的时间总是比预定时间晚，也总被领导训斥，彤彤其实也不想这样，但她似乎每次都走不出这个怪圈。

撰稿人彤彤就是个习惯性拖拉的人，假如她能改掉这一不良的工作习惯，也许工作效率会提高很多。

那么，如何克服这样的坏习惯呢？

我们都知道，人的思维指导行动，对于拖延者来说，他们之所以做事懒散、行动拖拉，多数情况下是拖延思维导致的。在他们内心，常常有这样的声音："再等会儿去做也没关系。""大家都还没动手呢，我不必着急。""太难了，实在找不到办法。"很明显，这些都是拖延思维，对我们的行动产生的是负面的暗示作用。

可见，如果你经常为自己的拖延行动找借口，那么，很可能是因为拖延思维的影响。要解决拖延症，你首先要做的是消除拖延思维。事实上，我们在做事的过程中，总是会遇到一些困难。此时，我们需要调节和控制自己的心态，鼓励自己能做到，这样可以给自己精神动力。我们先来看看一位推销员是如何做事的：

内在动机

"我认为所谓的自我管理,首先就是苛求自己。我把一个星期的工作计划分为上午和下午两部分,把要走访的地方分为5等份。星期一走访葛饰区立石路的1~100号街,星期二走访第101~200号街,星期三……这样一个星期结束以后,就转完了我所负责的整个地区。我一直把这种做法作为绝对的、至高无上的命令来执行。其他访问和推销管理工作,都安排在每天下午去做。上午专做接洽生意或类似接洽生意的工作,从下午4点起,做交谈、修车等工作。我的工作计划大体上就是如此,并坚决执行——这就是我的推销计划,也就是自己管自己。

"参加工作的第一年,往往都是我一个人在街道上转来转去,觉得非常难受又寂寞,有时也深感推销工作非常痛苦。可是,每逢这时,我就勉励自己说,自己痛苦的时候别人也痛苦。说老实话,我想如果推销工作是一帆风顺的,也就无所谓自己管理自己了。自己管自己这个问题之所以受到重视,是因为任何人都不能随心所欲地去做事情,因为今天一去不返,人们才对自己要求这么严格。我也经常有精神不振的时候,遇到这种情况,我一定会在星期天去登山。当我一步一步地克服了前进中的困难而登到山巅时,那种激动的心情简直就和接受订货、交出汽车时的激动心情完全一样。"

从这两段话中，我们发现，这位推销员的这句话"我想如果推销工作是一帆风顺的，也就无所谓自己管理自己了"十分重要。

的确，克服拖延症其实就是一种自我管理，它和做其他事一样，假如不存在困难，那么，也就体会不到成功时的快乐，以这样的信念激励自己，能帮助我们克服内心的很多负面情绪。然而，任何人都不可能帮助你改变现状，能拯救你的只有你自己。

通常来说，拖延思维是消极思维的一种。如果我们不摒弃拖延思维，那么，我们只能无止境地拖延下去。

总之，任何一个希望解决拖延症的人，都应该摒弃消极的拖延思维，始终相信自己能做到自控和立即执行，以这样的信念去引导自己做事，相信你一定能有所收获。

○ 内在动机

小心被"传染",远离那些懒散的同事

科学家研究认为:"人是唯一能接受暗示的动物。"积极的暗示,会对人的情绪和生理状态产生良好的影响,激发人的内在潜能,使人发挥出超常的水平,使人进取,催人奋进。反之,消极的暗示则会让人懈怠、懒惰,影响做事效率,乃至影响人生成败。这一点再次印证了社会性因素对于人的内在动机的影响,因此,工作中,如果你对自己的自控力不自信、内在动机不足,认为自己可能被那些懒惰的同事影响的话,那么,你最好远离他们,否则,你很有可能被他们传染而成为一名真正的拖延者。

有这样一个故事:

有一天,一位生物学家经过一家农场时,看到鸡舍中有一只老鹰,他很好奇,为什么老鹰会和鸡在一起。农场主告诉他,这只老鹰吃的一直都是鸡饲料,久而久之,这只老鹰的生活习惯和鸡就一样了,它也不再认为自己还是一只老鹰。

然而，生物学家说："不过，说到底它还是一只老鹰，教一教应该还是能飞的。"

两人在一番讨论后，农场主终于同意试试看老鹰是不是还能做到飞翔，生物学家将老鹰轻轻地放到自己的手掌上，然后说："你属于蓝天而不是大地，张开翅膀飞翔吧！"可是，那只老鹰好像很迷惑，不知道自己接下来要做什么，它还是跳到了地上，和那些鸡在一起。

生物学家不死心，又把老鹰放到屋顶上，尝试让它飞翔，他说："你是一只老鹰，张开翅膀飞翔吧！"可是老鹰对自己的新身份和这个陌生的世界感到恐惧，于是又跳到地上觅食去了。

我们不得不为故事中的老鹰感到悲哀，原本它有着鹰的特质，却因为长期和温顺的小鸡们待在一起，而失去了飞翔的本领。其实，现实生活中的人们何尝不是如此呢？原本他们很优秀，只是由于周围那些消极的人影响了他们，就使他们缺乏向上的压力，丧失前进的动力而变得俗不可耐，最终变得平庸。

身处职场，你是否有这样的感受：每次当你准备努力工作时，你的某个同事总是走过来找你聊天；每当你准备赶完工作再下班时，他总是怂恿你明天再做。他们总是在你眼前晃来晃去，导致你根本无心工作，对于这样的同事，你该怎么

● 内在动机

办？向上司打小报告吗？

打小报告无济于事，其实最好的方法就是远离他们，不让他们影响到你。就算他们有别的长处，但毫无疑问，至少懒惰和拖延这一毛病就足以影响你。事实上，工作中懒惰、做事拖拉的人，几乎不会在职场有好的前景。

要远离懒散的同事，你最好做到：

1. 不要因为他们而影响心态

那些懒惰的同事可能会让你很生气，但绝不要花时间抱怨，因为正和其他同事讨厌懒惰的人一样，人们也讨厌牢骚满腹的人。

2. 集中注意力，别被他们打扰

也许坐在你旁边格子间的同事总是在打游戏或者用手机聊天，甚至在上网看视频，但无论他做什么，都请不要留意他们，集中注意力工作吧。

3. 不要向上司打他的小报告

可能你在和某个同事一起进行某项工作，但他是个懒惰的人，迟迟不动手，你的工作需要他的配合，此时怎么办？告诉老板他是个懒惰的员工吗？当然不能，你会因此成为老板眼中的小人，会成为同事眼中的马屁精，不妨这样向老板开口吧："这个项目我暂时没法取得进展，因为我在等搭档完成他那个部分。"很平淡的一句话，既让老板了解了实情，也不会有打小报告之嫌。

4. 不要事事替他们代劳

千万别以为什么事都能揽下。这些懒惰的同事总是在办公室寻找能替他们工作的人，如果你做老好人，最终你一定会不堪重负。

你还可以向那些勤奋努力的人靠近，因为你可以从强者身上学习如何变得更强。哪怕这样会让你自惭形秽，但是你得到更多的，则是来自他们的宝贵经验，来自榜样的无穷激励。

○ 内在动机

对抗焦虑的心理动因，拖延让你认为晚一点也可以

现实的工作和生活中，当我们遇到一个新的环境或者遇到了我们难以预知和掌控的情况时，我们便会在内心产生一种焦躁不安的情绪，有的人甚至寝食难安，做任何事都提不起兴趣，这就是焦虑。此时，我们会自发地寻找可以对抗焦虑情绪的措施，比如逃避、转移注意力等，当然还有拖延。

我们常常听到一些人抱怨："这项任务难度太大了，我实在不想做。""这件事太烦琐了，还是吃完饭以后再开始吧。"当你说出这些话，其实你已经在用拖延对抗焦虑情绪了。上级交代给我们的任务，总是带有一些让我们不愉快的因素，谁在工作时都不可能绝对称心如意，此时，我们内心的焦虑情绪就会产生，我们会不情愿马上去着手做这件事，只要我们发现还有可以拖延的时间，我们就一定会拖延，直到必须交出工作成果时才开始工作。可见，为了对抗焦虑情绪，我们在工作中总会认为晚一点执行也可以。

第05章 摆脱迟滞的行为模式，强化内在动机提升行动力

圆圆刚从学校毕业，辗转了数十个招聘会后，她终于有幸成为一名服装设计公司的实习生，老板十分看重具有创新能力的新人。

到公司的第一天，圆圆战战兢兢，生怕自己做错事。后来，老板让主管交给她一些设计手稿，希望她在看完这些手稿后能给出自己的意见，并写成报告的形式。圆圆明白，这是老板在考验自己，一定不能让她失望。可是，越是抱着这样的念头，圆圆越是害怕，越是担心万一自己的报告有失水准怎么办。这是一家很知名的设计公司，来公司实习的人也不少，到时候肯定是要让一部分人离开的。带着这样的焦虑心情，圆圆看着那些手稿发呆，然后她问自己："到底该怎么办？"在踟蹰下，她一拖再拖，始终没有翻开那些手稿。

从上述故事中，我们发现，圆圆焦虑情绪产生的原因在于担心如果工作没做好会让领导失望、会失去工作机会。正因如此，她采取了拖延工作的对抗方法。

的确，当今社会，无论我们从事什么工作，我们都必须要面临激烈的竞争和强大的工作压力，内心自然而然也就会出现焦虑情绪。此时，我们要做的并不是一味地用拖延来抵抗，而是应该积极舒缓自己的情绪，然后找出应对策略，让自

○ 内在动机

己尽快投入工作中，具体来说，我们应该这样做：

1. 认识自己焦虑情绪的存在

其实，很多时候，我们在工作中只是焦躁不安，却并未认识到这一情绪会对自己造成什么不利影响。因此，生活和工作中的我们，一旦发现自己有焦虑情绪，就应该学会自我调节、自我调整，把意识深层中引起焦虑和痛苦的事情发掘出来，必要时可以采取合适的发泄方法，将痛苦和焦虑尽情地发泄出来，经过发泄之后症状可得到明显减缓。比如，当你感到工作压力大、无法释怀的时候，你可以跟你领导沟通下，寻求好的解决方式，这样也避免了因徘徊不定而造成工作的拖延。

2. 放松心情，舒缓紧张情绪

如果你面临一个新环境，或者接到一件难度大的工作，你不要一直提醒自己这件工作的重要性。有句话说智者调心，焦虑情绪的产生完全是由于错误的观念和消极的心理状态。

你需要认识到的是，无论你的工作任务是什么，烦恼都无济于事，最主要的还是必须着手开始，只有这样，你才能逐渐达到目标。为此，你首先要学会放空，让自己专注于当下。那么，什么叫放空？假如把人们的大脑比喻成一个容器，那么，放空就是把这个容器中使你焦虑不安的事情都忘记，或者把那些使你紧张得夜不能寐的情绪统统释放出去，取而代之的是淡然。

3. 专注事情本身，淡化焦虑

如果太注重工作的成功或失败，那么，最终的结果只能是你又将工作拖延了。只要你注重工作本身的特点及规律，专心致志地将它做好，你就会收到意想不到的效果。

4. 建立自信，相信自己能做好

那些容易对工作产生焦虑的人，通常都有自卑的特点，遇事时，他们多半会看低自己的能力而夸大事情的难度；而一旦遇到挫折，他们的焦虑情绪和自卑就会更严重。因此，我们在发现自己的这些弱点时，就应该引起重视并努力加以纠正，决不能存有依赖性，等待他人的帮助。有了自信心就不会再因焦虑而拖延工作了。

5. 与时俱进，努力提升自己的能力

一个人只有保持思想、技术上的先进性，才能拥有更强的处理问题的能力，才能在遇事时找到最佳的解决方法，不至于因为手忙脚乱而陷入拖延的泥潭。因此，作为一名职场人士，我们要懂得时刻为自己充电，要随时随地学习，只有这样，你才能有不断提高自己的意识，才有更强的应变能力。

◯ 内在动机

6. 多交一些行动迅速的朋友

与什么样的人在一起，你就拥有什么样的行为习惯，行为拖沓的同事，只会拖慢你的速度。为此，你最好结交那些看起来积极向上的同事和朋友，这样，你也会产生更多的能量和自信心去着手解决难题，而不是逃避。

总之，无论我们做什么事，要想真正解决问题，都不能逃避，立即行动起来，焦虑才会无处遁形。

拖延症的四种类型和自我检测方法

有人说，只有行动才能缩短自己与目标之间的距离，而拖延是行动的大敌，拖延将不断滋生恐惧，任何成功的人都把少说话、多做事奉为行动的准则，通过脚踏实地的行动，达成内心的愿望。那些有拖延症的人总是用种种说辞为自己开脱："对方不配合""不可能的任务""苛刻的老板""无聊的工作"……随后，我们会陷入"工作越来越无趣""人生越来越无聊"的泥潭中，愈加懒惰，愈加消极，愈加无望。我们把这些人的拖延习惯称为拖延综合征。

如果你是一个有拖延症的人，那么，也许你自己都不会承认，在你的内心，总是有一个声音说着："以后再说吧。"这就是一种情感阻力，如果没有这种阻力，那么，你的执行力将提高很多。

在面对某些事时，我们会明显感到有难度，这会让我们产生不快的感觉，此时，拖延的人就会找"以后再说"这样的借口，他们会劝慰自己："等等看，也许事情会好转。"其实正如我们前面说的，这只是一种逃避和麻木，你要告诫自己，即便事

◯ 内在动机

情拖到了最后也未必会改善，解除困境需要我们付诸行动。

其实，拖延不仅不能省下时间和精力，反而会使人心力交瘁，疲于奔命。如果这样还不够把你从拖延的梦魇里揪出来，那只能放出狠话："拖延消耗的不仅是精力，而是生命！"

将拖延症进行细分，可以分为四种：

1. 工作拖延症

你是否经常在上级一催再催后，才将某个报告交上去？你是否每天早上在进入办公室后花半个小时的时间回味昨天晚上的电视剧情节？你是否习惯了在坐下之前跟同事说几句话……如果你总有这些习惯，那大概这就是为什么你总是不被上司赞赏。

伍迪·艾伦说过："人们生活中90%的时间都是在混日子。大多数人的生活层次只停留在为吃饭而吃，为搭公车而搭，为工作而工作，为回家而回家。他们从一个地方逛到另一个地方，使本来应该尽快做的事情一拖再拖。"的确，在我们周围，也包括自己，在工作的过程中，因各种事由造成拖延的消极心态，就像瘟疫一样毒害着我们的灵魂，影响和消磨着我们的意志和进取心，阻碍了我们正常潜能的挖掘，使我们到头来一事无成，终生后悔。

2. 学习拖延症

顾名思义，就是对待学业上的事总是一拖再拖，面对众多需要学习的科目、需要参加的学习活动等，他们没有紧迫感，也不着手处理和学习。很明显，怠慢学习的人，是很难有好的学习成果的，知识的获得应当是与勤奋相关联的，鲁迅说过："伟大的事业同辛勤的劳动成正比，有一份劳动就有一份收获，日积月累，从少到多，奇迹就会出现。"勤奋可以使聪明的人更具实力，而相反，懒惰则会使聪明的人最终江郎才尽，成为时代的弃儿。

也许有人会说，我还年轻，有大把的时间，但你可能没有意识到的是，现在的你还是聪明的，但如果你不继续学习，就无法使自己适应急剧变化的时代，就会有被淘汰的危险。而克服懒惰并不断学习，一切都会随之而来。只有善于学习、懂得学习的人，才能具备工作能力，才能够赢得未来。

3. 婚恋拖延症

可能你也发现了，在你的身边，剩男剩女们越来越多，你可能也是其中一员，为什么他们会被剩下？其实也是"拖延"的结果，他们总希望能在工作生活如意的情况下谈爱情、婚姻，认为"不着急"。

4. 亲情拖延症

"树欲静而风不止，子欲养而亲不待"，这是人生一大悲哀。很多时候，我们总在感叹，等我有钱了就陪父母去旅行，去和爱人孩子享受天伦之乐，但时间不等人，亲情也不能等，如果想表达你对亲人的爱，就不要再拖延了。

内在动机

那么，你有拖延症吗？不妨来给自己做个测验吧：

（1）在你的工作清单里有很多事，你也清楚哪些事更重要，哪些事次要，但你却还是选择先做那些不重要、难度小的事，而越是重要的，反而越拖延。

（2）每次在工作前都选择一个整点：一点、一点半、两点……

（3）不喜欢别人占用自己的时间或者打扰自己工作，但其实最不珍惜时间的是你自己。

（4）原本你已经准备定下心来工作了，但还是在开工之前去冲了杯咖啡或者泡了杯茶，并给了自己一个借口：这些饮品会让自己更易进入状态。

（5）在做某件事的过程中，一旦出现了什么突发事件或者想法有什么变化，就立即停下手头的工作。

以上5条若有3条以上符合，很不幸，你已患上"拖延综合征"。

总之，生活中的人们，无论是工作、生活还是学习，大事还是小事，凡是应该立即去做的事情，就应该立即行动，决不能拖延，要尽全力日事日清。的确，我们的一生中，确实有很多个明天，但如果把什么都放在明天做，那明天呢？明天的明天呢？有句话说得好："我们活在当下，明天属于未来。"我们只有把握好现在，才能决定明天的生活。

第06章

摆脱不良动机的影响，真正做到行为自主

现代社会，任何人要想谋求一席之地，都必须更勤奋努力，然而，不少人在事情没有临头时，总是怀着侥幸心理，贪图享乐、不思进取、依赖他人。而正是因为这些不良动机的驱使，人们做出了各种各样不自控的行为来，殊不知，一个人不管多么才思敏捷，也必须把功夫下足，才能等到好运降临。尤其是年轻人，一定要明白，必须严格要求自己，不叫一日悔过，才能有所成就。

第06章 摆脱不良动机的影响，真正做到行为自主

矫正依赖的内在动机，真正做到独立自主

如果你是一个习惯性依赖他人的人，那么你可能会有这样的经历：学生时代，你习惯性地等待父母为你准备好一切再出门上学，晚上回家不敢一个人走夜路，需要家长接送；择业时，你问过所有人的意见才决定从事什么职业；工作中，领导让你执行某个任务，你总是让某个前辈陪同……不少拖延者都有依赖他人的坏习惯，缺乏勇气、害怕独自执行，这让他们宁愿选择拖着。事实上，我们也知道，无论是谁，要想做出成绩，乃至获得某个领域的成功，都必须要独立思考、敢于走在人前，依赖者只会成为别人的附庸，并且，你是否考虑过，那个被你依赖的人是何感想？

甜甜是个时尚靓丽的女人，并且为人温文尔雅，但就是有一点不好，那就是她一点主见也没有。甜甜对丈夫言听计从，就是在和闺蜜倩倩的交往中，她也总是显得很被动，就连周末晚上看什么电影也要询问倩倩。

最近，甜甜遇到了一件很苦恼的事，她发现丈夫好像有

内在动机

点儿不对劲，直觉告诉她，丈夫可能有了外遇。她不知道该怎么办，便把倩倩约了出来。

"我该怎么办啊？"甜甜一见到倩倩就迫不及待地问。

"什么怎么办啊，找他摊牌啊，问清楚情况。"倩倩是个急性子。

"我哪敢啊，这么多年来，都是他在挣钱养家。"

"程甜甜，我真不知道说你什么好，你知道吗？你最大的问题就在这儿。"倩倩脱口而出，她也不知道这样说会不会伤害自己的好朋友。

"什么问题？"

"你太过依赖别人了，得了，索性我今天把话说完吧，你知道这么多年以来，你为什么都没什么朋友吗？因为他们觉得和你在一起挺累的，什么都要问他们，你的时间很充裕，一个人无聊，但大家都有工作啊，都得养家糊口。可能你和你老公在相处的过程中也是这样，你们家什么都是他做主，以至于长时间以来他觉得腻了。可能我说这些你会伤心，但作为你的好朋友，我觉得我有必要对你说清这些。"

听完倩倩的一番话，甜甜好像挨了当头一棒，但她很快反应过来，对倩倩说："没事，我知道你是为了我好，也许我是该好好地想想，也需要改变一下了。"

从这个案例中，我们看到的是，依赖者缺乏主见，无论是做事还是做人，他们习惯性听从别人的意见，只能被别人牵着鼻子走。并且，他们让他人产生了一种压抑的感觉，最终会对人与人之间的情感关系产生威胁。

有人说，生活中最大的危险不在于别人，而在于自身；不在于自己没有想法，而在于总是依赖别人。的确，依赖所带来的拖延足以抹杀一个人前进的雄心和勇气，阻止自己用努力去换取成功的快乐。依赖会让自己日复一日地滞足不前，以致一生碌碌无为。过度依赖，会使自己丧失独立，给自己的未来挖下的失败陷阱。因此，你有必要把克服过度依赖放在戒除拖延症的第一步。

因此，生活中的你，如果也有依赖他人的习惯，就必须从现在起，靠自己的努力克服。

其实，人生成功的过程也就是个人克服自身性格缺陷的过程。对于一些人来说，他们一旦失去了可以依赖的人，就会变得不知所措。如果你具有依赖心理而得不到及时纠正，发展下去就有可能形成依赖型人格障碍。为此，你可以从以下几个方面纠正：

1. 要充分认识到依赖心理的危害

这就要求你纠正平时养成的不良习惯，提高自己的动手能力，不要什么事情都指望别人，遇到问题要做出属于自己的选择和判断，加强自主性和创造性。学会独立地思考问题，独立的人格需要有独立的思维能力。

2.要破除习惯性依赖

对于依赖型人格的人而言，他们的依赖行为已成了一种习惯，为此，你首先需要戒除这种不良习惯。你需要检查自己的日常行为中哪些是要依赖别人去做的，哪些是可以自主决定的，你需要坚持一个星期，然后将这些事件分为自主意识强、中等、较差三等。

3.要增强自控能力

对于自主意识差的事件，你可以通过提高自控能力来改善；对于自主意识中等的事件，你应寻找改进方法，并在以后的行动中逐步实施；对于自主意识较强的事件，你应该吸收经验，并在日后的生活中逐步实施。

4.学会独立解决问题

依赖性是懒惰的附庸，而要克服依赖性，就得在多种场合提倡自己的事情自己做。因此，生活中，别再让他人为你安排了，对于工作中的事，也要学会独立解决，比如独立准备一段演讲词。人际交往中，也别总是站在别人身后了，主动伸出你的双手吧。

愉快地戒烟，需要你的决心和毅力

生活中，我们大多数人都知道烟酒对身体的危害，它是人们对于身体的一种即时满足，是对快乐的追求。然而，吸烟有害健康，香烟的烟雾中，有两千多种复杂的化学成分，其中尼古丁使人吸烟成瘾，烟焦油是致癌物质，一氧化碳可使血液中的血红蛋白丧失携带氧气的功能，从而伤害人的内脏。香烟中约有四十多种对人体有害的成分，"二手烟"的烟雾还会对周围不吸烟的人群，尤其会对成长中的孩子造成严重危害。

世界卫生组织的专家在各种场合都宣传过一个重要的观点："吸烟和酗酒是'入门的毒品'。"一方面，很多染上毒品的人，一开始只是抽烟喝酒，然后以此为"桥梁"，从所谓朋友那里得到了第一次尝试毒品的机会；另一方面，吸烟成瘾，也是走向身心衰弱的一个"入口"。戒烟有很多好处自不必说，在如今复杂的社会环境中，到处充满诱惑，为了自己的身心健康，无论如何，我们都要有一定的自制力，绝不能接受别人递给你的香烟。

内在动机

然而，不得不承认的是，我们周围与烟酒为伍的人并不少，尤其是抽烟者，甚至当他们的健康因此受到威胁时，他们也无法做到彻底放弃抽烟。这是为什么呢？因为在常年的抽烟生活中，他们已经产生了依赖心理。我们经常看到一些男士，在茶余饭后往沙发上一躺，继而点上一支香烟，吞云吐雾的，还美其名曰："饭后一支烟，赛过活神仙。"在社会上，待人接物、走亲访友等社会活动，无一不是烟酒搭桥……当他们的家人问他们为什么要抽烟时，他们会回答："没办法，应酬。"其实，这都是依赖心理在作怪。当你已经习惯了抽烟的生活后，你还能轻易地戒除吗？因此，要想戒烟戒酒，很多时候，你需要先破除的是这种依赖心理。

在我国，每十个成年男人中就有两人是烟民，女性吸烟者也在逐年增多；近年来，世界各国禁烟的呼声也越来越高。在此奉劝读者朋友，尽量不要吸烟，已经有吸烟习惯的年轻人，更应尽早戒烟。

那么，具体来说，我们该如何愉快地戒烟呢？

我们都知道，香烟中的尼古丁是危害人类健康、引发癌症的一种有害物质。然而，它也是一种能很快让人上瘾的物质，从现在起，如果你能做到以下几点，那么，你在3~4个月内就可以成功戒烟。

1. 改变对抽烟的错误观念，树立正确的内在动机

有的人认为吸烟可以提神、消除疲劳、激发灵感，这是毫无科学根据的，实验证明吸烟百害而无益，我们都应了解，吸烟对自己身心健康的严重危害及对成才的巨大影响，要知道，吸烟就是慢性自杀。

2. 远离烟具

将你曾经用过的打火机、烟灰缸及现在正在抽的香烟都扔掉。

3. 餐后喝水、吃水果或散步，摆脱饭后一支烟的想法

多喝水能帮助你排出体内的尼古丁，你对烟的渴望也就会消减很多。

4. 烟瘾来时，尽量推迟抽烟

不管你手头是否有烟，上瘾时其实往往就是几分钟的功夫，只要熬过去就好了，你可以尝试做深呼吸，这个动作类似吸烟，可以使你松弛些。

5. 坚决拒绝香烟的引诱

经常提醒自己，再吸一支烟足以令戒烟的计划前功尽弃。

6. 寻求帮助

你可以让你的朋友监督并奖励你，当你想抽烟时，让他提醒你不要放弃，而当自己成功戒烟一段时间后，可以给自己

○ 内在动机

买个礼物。

7. 避开吸烟环境

这点很重要，当你的朋友吸烟时，你最好离开现场，等他吸完再进行谈话，以免你控制不住自己。同时，尽可能多去禁烟场合，如电影院、博物馆、图书馆、百货商店等。

8. 控制饮食

可以多吃些新鲜水果，常嚼些爽脆的蔬菜或口香糖，咖啡因和酒类饮料会诱发烟瘾，均应避之。

9. 加强锻炼

选择任何体育活动均可以，即使如饭后散步这样强度不大的活动也会帮助你消除紧张感，把思想从吸烟上转移并集中于其他事情上。

10. 奖赏自己

将过去本应买烟的钱存起来，几个月后给自己买一份别致的礼品或一件漂亮的衣服，你会感觉到这更值得和有意义。

但应记住，以上措施可能会对你戒除烟瘾有一定帮助，但真正要戒掉烟还是要靠你自己的决心和毅力。

切断电源，轻松戒掉网络游戏

自控的重要性，无论是学生还是已经参加工作的社会人士，都已经了然于心，然而，玩却成了我们自控的天敌。玩能让我们获得快乐、忘却现实生活中的压力和烦恼，然而，这些烦恼和痛苦是不可避免且必须面对的，玩也不能真正让我们获得快乐，反而会让我们离目标越来越远。

然而，我们不得不承认的一点是，现代社会越来越离不开互联网，互联网在给人们的生活带来方便的同时，也给人们带来了一定的毒害，尤其是一些处于学习阶段且自制力不强的学生。对于很多人来说，上网聊天、玩游戏似乎已经成了每日必做的功课，上网无可厚非，但沉迷网络肯定不是什么好事。如果你也被网络游戏困扰，那么，你应该狠下心来，切断电源，将注意力重新转移到学习上来。

曾经有一篇报道，讲述了一个15岁的少年迷恋上网、沉迷网络游戏的经历。

内在动机

他和很多青春期的男孩一样追求个性、时尚前卫。其实，这名少年生在一个很幸福的家庭，家里的长辈，尤其是爷爷奶奶很疼爱他。所有同龄人拥有的计算机、手机、游戏机……长辈都给他买了。

他也一直是个很听话的孩子，但不知道为什么，到了初二的时候，他突然爱上了网络游戏，平时一放学就钻到网吧里，要不就去同学家通宵打游戏。家长知道这样不是办法，便跟他聊了几句，谁知道，孩子不但不听，反而变本加厉，甚至偷钱去网吧上网，一气之下，爸爸打了他一巴掌，从没被父母如此训斥过的他负气便离家出走了。

无奈之下的父母只好报警，幸好最后，警察在隔壁市的一间网吧找到了他。

现实生活中，有不少这样沉迷网络游戏的人。事实上，一个人要想有一番作为，就必须要静下心来学习，就要学会自控，控制自己的"玩"心，剔除自己的享乐主义心理。事实上，那些成功者之所以成功，并不是因为他们喜欢吃苦，而是因为他们深知只有磨炼自己的意志，才能让自己保持奋斗的激情，才能不断进步。

戒除懒惰的毛病，首先要从不赖床开始

现代社会，人们都在努力寻找让工作效率翻倍、学习效率翻倍的方法，方法有很多，但究其根本，我们不能忽视早晨的重要性。因为在早晨，我们的身体在经过了一夜的休息后充满了能量，正是高效工作和学习的时候。

而重视早晨的第一步就是戒除赖床的毛病，当闹钟响起时就必须一鼓作气爬起来。的确，赖床可能会导致上班迟到、克扣奖金、被上司批评、工作心情被严重影响等，而学生迟到，就会错过学习、游戏的时间，错过与老师、同学互动交流的机会。做事情拖拖拉拉，落在后面，容易养成"拖延症"，好习惯一定要在生活的点点滴滴中培养。

小泽征尔是日本著名的作曲家，除了天分，他拥有的更多是勤奋。日本作曲家武满彻曾经在小泽寓所住过一段时间，目睹了大师的勤奋，他说："每天清晨四点钟，小泽屋里就亮起了灯，他开始读总谱。真没想到，他是如此用功。"

● 内在动机

原来，小泽从青年时代就养成了晨读的习惯，一直坚持到今天。"我是世界上起床最早的人之一，当太阳升起的时候，我常常已经读了至少两个小时的总谱或书。"小泽这样说。

事实上，除了小泽征尔以外，大多数的成功者都以勤奋取胜。勤奋的第一步，就是充分利用早晨的时间。然而，春困秋乏，无论是孩子还是成年人都是如此，我们似乎一年四季都喜欢赖床，有时候，我们眼看马上就要迟到了，但身体却就是不想动，一些人会感叹："我也没有办法呀，我就是起不来。"其实，想戒除赖床的毛病，我们首先要认识到赖床的危害。当睡梦中的我们被闹钟吵醒时，确实会有不舒服的感觉，头脑也没有完全清醒，再加上潜意识里有一点惰性，我们就会把闹铃关掉，让它等一下再响。但这个短暂的睡眠时间可能会毁掉你下一阶段的时间，由于这种贪睡的睡眠时间非常短暂，这样的睡眠周期是不完整的，那么当你第二次醒来时，你就会比第一次感觉更加疲倦、头晕。

据睡眠专家所说，当你贪睡两次或更多次才起床时，这种循环就会被你的大脑混淆，产生了一种睡眠惰性，使人感觉昏昏欲睡，这种惰性会让你接下来的几个小时都很容易犯困。因此，当你的闹钟清晨第一次响起的时候，你要做几次深呼吸，一鼓作气爬下床，这样你就可以得到百倍的精神享受和精神放松。

那么，有没有什么特别好用的方法，可以有效改善赖床的习惯呢？其实，根本原因还是要认识到早起的重要性，以及学习一些实用的解决办法。

1. 早睡才能早起

一些人认为，自己每天学习到很晚，早上根本起不来。但其实，熬夜学习并不是明智之举，可能你没发现，那些学习效率高的学生，他们都不会打疲劳战。

2. 做好睡前准备

睡觉前，你要先整理好自己的文件，把明天要用的东西准备好；如果天气比较冷，可以先把明天要穿的衣服叠好放在床头，起床后直接套上即可。这样做既可以避免起床后受凉，也可以减少起床后的准备时间。

3. 学会用闹钟

闹钟是必不可少的，对于培养你自己的时间观念也大有裨益。当你的闹钟响了，你要像听到"必须要起床"的哨子声一样立刻起床，别给自己眷恋被窝的机会。

4. 一定要吃早饭

一些人因为起床晚了、出门前这段时间不够用等原因，只好牺牲早餐。其实，饿着肚子学习效率更低下，所以无论如何，别亏待你的胃。

5. 营造起床气氛

到点该起床的时候，你可以播放一些轻松的音乐，这样，你就能在轻松的氛围中慢慢醒来。

6. 早晨起来睁开眼睛，不刷手机

这样做的人也不在少数，你也许觉得这没什么，又没睡懒觉，时间还够充裕，玩一会儿又怎么样？事实上，这样做并不太合适，大清早醒来后，还没有刷牙洗脸穿衣服就刷手机，如果这时你的内心产生了一点压力或焦虑，都会直接影响你下一阶段的心情，而且你的思维会变得不清楚。

在入睡之前，不要把你的手机放在床头柜上，或其他触手可及的地方，将手机放在其他房间，早晨起床后才不会看到，也不会想要打开手机，坚持吃完早饭后再打开手机。

总之，戒掉自己的懒惰习惯，就要从每天清晨的不赖床开始。也许一开始有点难，但是只要你坚持下去，就会看到自制力慢慢提升的过程。

减肥，应当是一个有趣的经历

在我们的现实生活中，有越来越多的人饱受肥胖的困扰，肥胖不仅影响体态形象，严重的还会有害健康，很多爱美者都想远离肥胖，然而减肥却非易事。要想解决这一问题，我们必须要采取正确的减肥方式。

豆豆是个爱美的女孩子，一直很关注自己的体重。最近，她发现自己胖了很多，她生日那天，她拉着小美和玲玲一起去买衣服，谁知，原本高高兴兴的她却不高兴了，因为她发现，小号和中号的衣服她都不敢试了，有的大号的衣服她都穿不上。看着身上的一块块肥肉，她说："我要减肥！"她开始节食，可是不到几天体重又反弹了；她还开始吃减肥药，可是效果很差。上课也集中不了精神，她很怕同学们喊她"大胖妹"。

小美被豆豆的情绪感染了，回来也开始节食，每天晚上，她就只吃一个苹果。家人吃饭的时候，她就溜进房间，妈妈说了她几次，她也不听。

〇 内在动机

有一天晚上妈妈上卫生间，发现厨房有动静，还以为家里进小偷了，拉开灯一看，却看见小美在翻冰箱，妈妈当时便明白了。小美被妈妈发现了，很不好意思，拿着一包面包，就钻进了自己房间。

第二天，妈妈问小美："这下子尝到节食的苦头了吧？半夜睡不着吧？另外，我觉得我女儿挺苗条的，不需要减肥，即使稍微胖点，这个年纪，也不能盲目节食减肥。你把我的话跟豆豆也说说，到时候，身体垮了就晚了。"

可见，对于肥胖者来说，节食减肥并不是什么好主意。

曾经在2007年，专家做过一次调查，调查结果表明，节食不仅对减轻体重或保持身体健康没有什么好处，而且越来越多的证据证明节食有害身心健康。

我们的周围也不乏这样的事例：那些节食者并没有好好控制自己的体重，还使体重反弹到了减肥前的水平，甚至还增加不少。也曾经有很多研究结果显示：循环的节食会使人的血压和胆固醇上升，会抑制人体的免疫系统，还会增加心脏病、中风、糖尿病和其他原因导致的死亡风险。

健身专家对减肥者的建议是：适当的运动也许能帮助到你。因为运动能帮助我们消耗掉多余脂肪，并且，丰富多样的运动形式可以在一定程度上克服枯燥感。运动的方式很多,有散步、速走、跑步、跳绳、打羽毛球、登山、游泳等。

心理学家表示,在减肥这一问题上,最重要的是练就意志力,让减肥者从根源上认识到肥胖的危害,并逐渐树立对减肥成功的信心和对瘦身后美好生活的向往。所以,如果你认为自己意志力不足,你可以学习一些自我激励的技巧,也可以求助心理咨询师,进而逐步让自己的体重达标。

可见,在减肥这一问题上,我们完全没有必要认为它是一个痛苦的过程,而应该把减肥看成是一段有趣的经历,这样你才更容易达到目标。

● 内在动机

给自己精神动力，做好严格的自我管理

生活中，人们常说，金无足赤，人无完人，人最大的敌人是自己。只有能够战胜自我的人，才是真正的强者。的确，一个人的自我管理能力如何，直接关系到他在人生路上走得是否平衡，而我们发现那些在职场中被认为靠谱的员工，他们一个必备的特质就是懂得自我管理，因为出色的工作能力、业绩的获得需要付出超越常人的努力和心血，并且在这一过程中，必然会遇到困难。

日本女作家吉本芭娜娜出版了四十本小说和近三十本随笔集，有杂志曾采访过她："许多女人生了小孩之后就没有闲暇时间了，您现在有了孩子，是如何抽出时间来写作的呢？"吉本芭娜娜说："确实没什么时间，但是我一直在拼命。为了争取多一点的写作时间，每天我都在与时间赛跑，最夸张的时候，你能想象吗？我几乎是站着吃饭的。"估计许多年轻人看到这里会感到羞愧吧，比起吉本芭娜娜，许多人总是感慨自己时间不够、事情做不完，却从来不去利用那些零碎的时间。

有人说过："每一件与众不同的绝世好东西，其实都是以无比寂寞的勤奋为前提的，要么是血，要么是汗，要么是大把大把的曼妙青春好时光。"如果你倾力付出自己的努力，早晚会从量变到质变，你现在走的每一个脚印，都会成为将来实现人生飞跃的跳板。

同时，自我管理对于我们任何一个人都尤为重要。在我们的工作中，它在很多方面都发挥着巨大的作用：它能督促我们去完成应当完成的任务；能抑制我们的不良行为，如贪婪、懒惰；能缓解不良情绪，如冲动、愤怒、消极；能抵御外界形形色色的诱惑；等等。相反，如果没有或缺少自我控制，不良的行为和情绪就会反过来控制你，你将失去意志力、信心、执着和乐观，失去获得成功的机会，甚至会偏离人生的方向，误入歧途。

琦琦从小就开始跳舞了，她也很爱跳舞，小时候只要一听到音乐，她就开始蹦蹦跳跳，爸爸妈妈都惊讶于小小年纪的她竟能踩着音乐的节奏，主动做出比较协调的动作。而随着不断地成长，琦琦对于舞蹈的热爱越来越灼热，她除了吃饭、睡觉之外的时间都在跳舞，尤其是在妈妈给她报名参加了舞蹈培训班之后，她对于舞蹈更加执着，也更加狂热。就连舞蹈老师

○ 内在动机

都说琦琦很适合跳舞，是个好苗子。

作为一个舞者，琦琦从不像其他孩子一样大快朵颐，吃各种美食，就连女孩子最爱的冰淇淋她也很少吃。因为她必须控制体重，才能保持身材，保持身体轻盈。整个童年阶段，琦琦都很少吃零食，尤其是坚决远离垃圾食品，这使她的身材苗条，而且身体的状态非常好。

因此，升入初中之后，琦琦成为了班级里所有女生的羡慕对象，大家都羡慕琦琦有着好身材，她也因为练习舞蹈而有着优美的气质。最终，琦琦在全国舞蹈比赛上获得大奖，而她在高三毕业后，也成功地考入舞蹈学院，还因为舞姿优美、形象很好而被选中成为一部电影的女二号呢！一条平坦的职业发展道路，似乎已经在琦琦面前展开了。

小小年纪的琦琦为了跳舞，就能控制自己对美食的欲望，那么，生活中的成年人呢？

在日常生活中，年轻人很容易就会陷入自我放纵的泥潭中无法自拔，沾染上一些坏习惯，整个人变得颓废不堪。学坏总是那么容易，而要想学好却是难上加难。为了避免自己一不小心走"下坡路"，我们应该时刻警惕自己的行为，努力走向上坡，然后欣赏别样的风景。

第06章 摆脱不良动机的影响,真正做到行为自主

在工作中,你遇到的最强大的对手往往不是别人,而是你自己。你只有做到严格要求自己、约束自己,才能抵制来自外界的各种诱惑,才能不断克服陋习、完善自己,才能成为同事和领导眼中靠谱的人,也才能成为行业的佼佼者和人生的赢家。

第07章

**从习惯到自然,良好的
动机指引良好的行为习惯**

我们都知道,习惯的力量是惊人的,优秀是良好习惯的积累。然而,"学好难,学坏易",当你养成坏习惯,想改掉它是一件需要下功夫的事情。同样,养成好习惯也是如此。要建立良好习惯,我们需要调动意志力的力量建立良性的动机,并积极对抗对无度快乐的追求,如果你做到且坚持下来了,你会受益终身。

第07章　从习惯到自然，良好的动机指引良好的行为习惯

关注健康，别让无度的享乐毁坏身体

我们都知道，人的天性都是追求快乐而逃避痛苦，而人们获取快乐的一个重要的方法便是游玩享乐。我们发现，随着物质生活水平的提高和科学技术的进步，一些人被周围的花花世界所诱惑，一有时间，他们就置身于灯红酒绿的酒吧、歌厅，就大鱼大肉、暴饮暴食，时间一长，不但他们的心无法平静，身体的健康也亮起了红灯。现代社会，要想练就一个健康的体魄，我们就要养成健康的生活习惯。

的确，不少人，尤其是年轻人，早上若是觉得不怎么饿，就干脆不吃早餐，也省去了麻烦；如果想吃早餐，不过是去小摊买点油炸食品。中午休息的时间太短了，就直接在快餐店点份午餐，匆匆解决掉。晚上和三五好友一起喝酒、聊天、吃火锅，玩得不亦乐乎，直至深夜还在街上吃夜宵，然后才回家。这样的生活虽然说不上滋润，但也过得十分惬意，却为自己的健康埋下了隐患。

● 内在动机

小梦刚刚大学毕业，在朋友的帮助下找了一份不错的工作，薪水不少，唯一不足之处就是太忙了，忙得几乎没有睡觉的时间。所以，早上为了能赖十几分钟床，她索性省去了早餐。有时，闻着隔壁小吃店的香味，她也会忍不住买东西。但她酷爱油炸食品，觉得其他食物寡淡无味。

中午，别的同事都出去吃饭了，小梦还在公司里忙碌着，忙过了饭点就点些外卖。吃着快餐店的饭菜，她都分辨不出什么是美味与难吃了，只要能吃饱就好了，这样下午才有力气工作。在她看来，中午这顿不用花多少心思，因为白天大家都忙，还不如留着肚子晚上吃个痛快。

傍晚，小梦结束了一天的工作，邀请几个好朋友去酒吧玩，喝酒、唱歌、跳舞……好像是要把白天工作带来的负荷都摆脱得一干二净。每次都玩到很晚大家才散去。因为在酒吧只顾着喝酒，小梦这时候才发觉饿了，于是又吃点路边的烧烤，或回家煮包方便面。

她从来没有觉得自己的饮食有什么问题，直到她最近觉得身体不太对劲。当医生把"亚健康"这个词抛给她时，她有些不相信，自己才刚刚大学毕业，正值青春年华，怎么会处于亚健康状态？医生笑着说："就是你们这个年龄，自认为年轻、身体好，就不珍惜身体，不注意饮食。你们要特别注意自己的饮食习惯，否则迟早会引发身体疾病。"

不少人身上都有小梦的影子，不注重饮食和生活习惯，最终影响了身体的健康。因此，我们要舍弃不良的饮食习惯，摆脱疾病的困扰，让身体恢复健康。当身体处于健康状态时，心情自然也会好起来。

事实上，任何一个热爱生活、热爱生命的人，都关注健康，他们绝不放任自己、透支生命。为了保持身体健康，我们需要做到：

1. 早睡早起

这一点是很多人都不能做到的，但这恰恰是生活中应该养成的良好生活习惯。人只有生物钟准时，符合规律，身体才能健康，工作才能高效。

2. 保证充足的睡眠

睡眠是大脑休息和调整的阶段，睡眠不仅能保护大脑皮层细胞免于衰竭，还能使消耗的能量得到补充，大脑皮层的兴奋和抑制过程达到新的平衡。良好的睡眠有增强记忆力的作用。我们每天应保证8小时的睡眠时间，同时要注意睡觉时不要蒙头，因为蒙头睡觉时，随着棉被内二氧化碳浓度的不断升高，氧气浓度不断下降，大脑供氧不足，长时间吸进污浊的空

内在动机

气,对大脑损伤极大。

3. 营养均衡的膳食

健康的生活习惯离不开健康的饮食习惯,这需要我们在饮食的营养搭配上多下功夫。每天保持健康饮食,早餐吃饱为好,应喝豆浆或牛奶,外加一个苹果,尽量少去早餐店吃饭,可以在家准备全麦面包或馒头、花卷等;午餐可以吃点鸡肉、鱼肉和粗粮;晚餐吃六七分饱就可以了,但一定要杜绝油炸食品,而且不要喝酒,睡前可以喝点牛奶。从现在开始舍弃那些不良的饮食习惯吧!养成健康的饮食习惯,可以塑造健康美丽的形象。

如果你的身体出现了某些疾病的征兆,也可以利用食物来调节。如果感觉烦躁且失眠、健忘,可以多摄取一些含钙和磷的食物,如大豆、牛奶、橙子、葡萄、土豆和蛋类;如果觉得神经敏感,那就多吃蒸鱼,还要适当加一些绿色蔬菜;如果觉得体质虚弱,就多吃炖鱼,吃饭前可以小睡一会;如果整天对着计算机,觉得眼睛疲劳,可以在中午吃一份鳗鱼或韭菜炒猪肝;如果觉得大脑疲劳,可以吃点坚果类,如花生、瓜子和核桃,可以健脑、增强记忆力。

4. 健康身体"动"出来

要想塑造健康又有型的身体,自然离不开运动。许多女孩抱怨工作太忙了，没有时间运动，其实，只要有运动的决心，时间会有的，而且运动可以在日常生活中随时进行。例如，饭后散散步、做做清洁、跳舞或爬楼梯等，都是不错的运动。也许有人会问："爬楼梯也算运动吗？"爬楼梯真的是一项运动。现在，很多住宅区都安装了电梯，虽然这为人们省去了爬楼梯的麻烦，但一定程度上也减少了人们的运动量。有的人哪怕住在三楼，也会选择坐电梯而不是爬楼梯。所以，这时爬楼梯就成了一项运动了。

5. 不要带病用脑

在身体欠佳或患各种急性病的时候，就应该休息。这时如仍坚持用脑，不仅效率低下，而且容易造成大脑的损伤。

6. 多读书

闲暇时，我们不妨多花点时间看书、学习，不断地充实自己，不仅能让我们在未来激烈的社会竞争中立于不败之地，也能让我们远离嘈杂的人群、内心清净。

总之，养成良好的生活习惯，法宝在我们自己手中，按照以上几点来生活，相信我们也能拥有强健的体魄。

○ 内在动机

积极的动机建设，助你养成良好的饮食习惯

生活中，我们每个人都需要吃饭，以维持正常的生理需要，这就是人们常说的"人是铁饭是钢""民以食为天"。然而，如果我们不加节制地饮食，那么，我们的身心健康就有可能受损。的确，就是有这样一些人，他们似乎无法控制自己，会定期或不定期地暴饮暴食，甚至不加节制地吃大鱼大肉，那么，最终就会造成体形肥胖，影响身体健康。

丹丹今年刚大学毕业，和很多毕业生一样，她也投入了找工作的大潮中，但令她沮丧的是，因为太胖，很多用人单位都拒绝了她。看到现在的状况，丹丹后悔不已。其实，一年前的丹丹还是个身材苗条的女孩，但失恋对她的打击实在太大了，她不知道如何排遣。一个朋友告诉她，吃东西能让自己的心情好起来，于是，她开始疯狂地吃，她发现这个方法似乎真的有效，失恋期过了，她却变成了胖子。更要命的是，她居然开始迷恋美食，以前逛街，她最大的爱好是买衣服，现在则是

第07章 从习惯到自然，良好的动机指引良好的行为习惯

先打听哪里有好吃的。大学的最后一年，她整整胖了四十斤，曾经那些瘦小的衣服再也穿不下了，周围追求自己的男生也没有了，她逐渐变得自卑起来，走在马路上，她总能感觉到周围人异样的目光，而如今，找工作四处碰壁更让她感到难受。

丹丹突然意识到，是该控制一下自己的饮食了……

从丹丹的故事中，我们看到了一个无节制饮食者遇到的苦恼。事实上，在我们的生活中，这是很多人都无法攻克的挑战。无节制饮食除了会引发一些身体健康问题，比如肥胖之外，还有其他许多方面的影响。在某一段时间内，你的身体需要进行高负荷运转，由此会出现一系列的生理反应，我们的生命力也会被破坏。另外，我们的形象还会受损，相对来说，人们更喜欢那些身材苗条的人，至少我们会因此获得一些审美愉悦。再者，他们的自信心、毅力等也会受到影响。无节制饮食很容易成为一个习惯，而且很难改掉。

然而，养成良好的饮食习惯需要高度的自制力，可能不少人正是缺乏这种自制力，而做积极的动机建设能帮你逐渐获得这一能力。

很多身体肥胖的人在饮食上都有这样一个感受：他们有一些被禁止吃的食物，但偶尔会心痒，就主动去尝试一下这

内在动机

些食物，他们认为只吃一口没什么事，但他们没有料到的是，他们根本没有毅力控制自己不去吃第二口，甚至吃了一种被禁止的食物就会想吃第二种。等意识到问题的时候，他们可能会发现自己在半个小时内已经吃掉了相当多被禁止的食物。

其实，导致无节制饮食的关键是没有始终把自己的行为和最终目标联系在一起。你要问自己：你吃食物的目的是什么？吃完是否达到目的了？如果你能得出正确的答案，你就能做出正确的选择。

事实上，一些人也找到了许多能够应对无节制饮食的方法。对于某些在饮食控制这一问题上意志力较差的人来说，最好的方法就是做内在动机建设，暗示自己如果控制自己的饮食，体重会得到改善，会迎来更轻盈的生活，那么就会产生改变现状的动力。

简单地说，你可以建立一个习惯，一旦你想吃东西的时候，你可以躺下来，然后做一些自我引导，然后想想你达到理想体重时将会是什么样子，那时候的你应该是身材苗条的、有活力的、健康的、身轻如燕的。只要你能减肥成功，你就能好好地利用自己的天赋和才能，你可以背上行囊去游历祖国的大好河山而不会累得气喘吁吁。

当然，如果你发现那些甜点和高脂肪食品正在向你招手，那么，你要做积极的想象，而不是消极的想象。你不要想你有可能经不住这些食物的引诱，而应该想想避开这种诱惑的方法。

你可以想象的是，此时的你身体健康、肠胃健康，你坐直了身体，然后对这些食品微笑着说："不用了，谢谢。我已经吃饱了。"

你还应想的是，一个连自己体重都控制不了的人，还能做什么大事呢？如果你能减肥成功，你希望你的生活做出哪些调整呢？你希望实现怎样的事业？你又将会对其他的人和周围的世界做出怎样的贡献？试试把自己的这些想法写下来，即使它可能只有短短的一段话。把自己的想象变成文字，可能会有助于你继续努力前进。想象成功往往是实现成功的第一步！

任何致力于帮助他人减肥的治疗师都会给出一点建议：饮食无节制的人要寻找精神力量。肥胖确实会为现代社会爱美和爱面子的人带来一定的烦恼，但你不应该因此而丧失辨别能力，你也不应该把所有的精力都放到所谓的减肥和节食上。如果你能抽出身来，让自己投入大自然中，那么，你就会忘却美食的诱惑，感到前所未有的轻松。

你不必要总是沉浸在饮食和运动中，也不要关注那些最

● 内在动机

新的美食信息,不要让这些事情消耗掉你的注意力和时间。每天早上起来,你都要告诉自己,今天你要认真、健康地生活,你要对自己负责。闲暇时,不要总是约朋友去聚餐、吃饭,你可以多看看书,可以去看话剧,可以到大自然中去,去享受一年中每个季节的不同乐趣。

第07章 从习惯到自然，良好的动机指引良好的行为习惯

活力满满地运动，并形成习惯

人们常说"生命在于运动"，运动是保持身体健康的重要方法。早在两千多年以前，医学之父希波克拉底就讲过："阳光、空气、水和运动，这是生命和健康的源泉。"生命和健康离不开阳光、空气、水分和运动，长期坚持进行适量运动，可以使人青春永驻、精神焕发。

现实生活的每个人，每天都要面对工作、生活、学习等方方面面的压力，不良情绪常常不期而至，甚至使他们出现了心理问题，对此，不少人选择求助于专业的心理咨询师。诚然，这是一种方法，而一直被我们忽略的是，运动是排解压力的一种行之有效的好方法。

不知你有没有这样的体验：当情绪低落时，参加一项自己喜欢又擅长的体育运动，可以很快地将不良情绪抛之脑后。这是因为体育运动可以缓解心理焦虑和紧张，分散对不愉快事件的注意力，将人从不良情绪中解放出来。并且，疲劳和疾病往往是导致人们情绪不良的重要原因，适量的体育运动可

○ 内在动机

以消除疲劳，减少或避免各种疾病。

刘女士是一位医生。自年初医院对医生实行末位淘汰制以来，她的心理压力一直很大，经常感到昏头涨脑、四肢乏力、心浮气躁，甚至经常失眠，脾气也越来越不好。半年以后，她人瘦了不少，气色也不再红润，有人说她得了抑郁症。但是近几个月，同事们却普遍反映，以前那个心浮气躁、总感不适的她摇身变成了稳重大度、耐心敬业的人。是什么让她放下压力、乐观地去工作与生活？刘女士说是运动，自从每天练瑜伽、散步后，她感到浑身有使不完的劲。

生活中，像刘女士一样存在心理问题的人并不少见。生活中的种种问题让他们情绪不佳，甚至出现失眠症状，但却不知该如何宣泄。其实，运动就是一个很好的方法。据统计，有50%的人一周中至少有一天会感到疲惫。美国的研究者通过对70项不同研究进行分析得出：让身体动起来可以增加身体能量、减少疲惫感。

日常生活中，只要你能多参加运动，适当调节自己的心情，就能获得快乐的心情、赶走不快的情绪。因为运动的效果是积极的，它可以激发人积极的情感和思维，从而抵制内心的消极情绪。此外，运动能促进大脑分泌一种化学物质——内啡肽。内啡肽可以帮助我们缓解抑郁、焦虑、困惑及其他消极情绪，通过改善体能，也能增强自我掌控感，重拾信心。

运动分为有氧运动和无氧运动两种，无氧运动一般都是短时间高强度的，在没有指导的情况下容易伤到自己。最好还是有氧运动，不但有锻炼身体的效果，而且能调节情绪，有效地应对情绪中暑。

然而，有些人可能会说，运动会出汗。运动当然会出汗，这是毋庸置疑的，但除了汗水，我们会收获更多，我们的身心会在汗水中得到释放。再者，并不是所有的运动都和人们想象的一样出很多汗，就比如游泳，夏天最好的运动方式莫过于游泳。当然，无论哪种运动，出点汗都是好事，出汗之后，只要能迅速补充水分和矿物质，再洗上一个热水澡，那么剩下的就是舒舒服服的感觉了。尤其是在经过了一段时间的剧烈运动后，那些所谓的烦恼都被抛到九霄云外去了，你会觉得身心畅快。

达·芬奇曾说："运动是一切生命的源泉。"的确，生命在于运动，运动是保持身体健康的重要因素。

有研究表明，体育锻炼可以改善神经系统对肌肉的控制能力，使人体的反应速度、准确性和机体协调能力得到提

● 内在动机

高。科学工作者在对出生6周的婴儿进行脑生物电流测量时发现,长期对婴儿进行右手的屈伸练习,能加速大脑左半球语言区的成熟。这足以表明体育运动有助于孩子神经系统的发育和完善。

当你心烦意乱、心情压抑时,适度运动能带来好心情。虽然运动对于治疗失眠有所帮助,但你应该把握适当的度,否则会对身体造成损害。并且,你要选择自己喜欢的运动,这样才能有恒心持久地坚持下去。

第07章 从习惯到自然,良好的动机指引良好的行为习惯

慢慢领悟学习的乐趣,并每天坚持学习

古人云:"天行健,君子以自强不息。地势坤,君子以厚德载物。"这句话告诉我们,一个人要想走向成功,就必须坚持学习,而且要找到正确的方法,做到善于学习。对现代社会中的每个人而言,学习都已经成为终身的命题。

的确,在知识经济的时代里,如果你有资金,但缺乏知识,没有最新的信息,那么无论身处何种行业,如何拼搏,失败的可能性都很大;但是如果你有知识,没有资金的话,那么只需要小小的付出就能够有回报,并且很有可能达到成功。现在跟数十年前相比,知识和资金在通往成功的道路上所起的作用完全不同。

我们正处于信息大爆炸的时代,知识更新的速度也非常之快,导致有很多大学生即使已经毕业,他们也要不断地学习。由此,像几十年前一样凭借着大学所学应付工作的局面已经不复存在了,如今大多数的年轻人一旦从大学校园里走出来,就必须马上学习,从而不断充实和更新自己的知识储备。

○ 内在动机

然而，现实生活中，偏偏有很多年轻人无法意识到学习的重要性，他们觉得学习使人感到痛苦，因而总是贪图享乐，也想稀里糊涂地享受人生。然而，贪图一时的快乐必然要付出痛苦的代价，这就是所谓的先甜后苦。明智的年轻人不会在应该拼搏的时候选择安逸，他们很清楚暂时的努力，是为了将来人生的轻松。因而他们能够认清楚自己的情况，选择积极主动地学习，努力提升和完善自己，也会坚持接受新事物，让自己获得更大的选择权。这样的人生才是未雨绸缪的人生，也只有这样的人才能做到终身学习，从而避免自己被时代淘汰。

让学习成为一种习惯，最重要的就是行动起来，我们应该充分认识到学习的重要意义，真正把学习当成一种责任、一种追求。当然，让学习成为一种习惯，并不是一蹴而就的，而是一个长期的过程。在这个过程中，我们需要将自己的坏习惯改变成好习惯。不要沉湎于无休止的玩乐，不要沉浸在觥筹交错的应酬中。任何一种习惯都有强大的惯性，好习惯是这样，坏习惯更是如此。一个人的时间和精力有限，如果你想让学习成为一种习惯，那么，就要改掉自己贪图玩乐的坏习惯。

对此，我们需要记住两点：

1. 学习是一种习惯

学习，是我们每个人都应该养成的良好习惯。一个人若是让学习成为一种习惯，他就能够把握住人生的正确方向。在现实生活中，许多人知识匮乏，能力不足，碌碌无为，有的人甚至步入歧途，这是为什么呢？其实，一个很重要的原因就是他们不能自觉、持续地学习。

2. 慢慢领悟学习的乐趣

有的人从来不当学习是乐趣，而是把学习当作一种负担；有的人说起学习来头头是道，但自己却缺少实际行动。他们不学习的原因并不是"学习枯燥乏味""太忙没时间"，而是他们没有养成良好的学习习惯。

著名语言文字学家周有光已经年逾百岁，但仍坚持每天伏案学习，笔耕不辍。有人问他："您都一百多岁了，又有那么多成果，为何还那么辛苦呢？"他坦然一笑，回答说："辛苦吗？我没觉得，一辈子的习惯，想改都难。"当学习已经成为了一种习惯，你想摆脱都很难了。一个善于学习的人，他的内心是极为满足的，而他的才情都是用足够的知识和生活经历所积累的。

当然，学习是枯燥乏味的，也需要我们付出极大的毅力才能坚持下去。但是细心的人会发现，只要我们坚持学习，总是能够得到意外的收获和惊喜，也会得到命运慷慨的馈赠。诸如，当我们的知识累积到一定程度之后，我们的眼界和心境也

◯ 内在动机

会发生改变，对人和事的看法也都会随之改变。这也是很多人因为知识层次不同，导致交流不畅的原因。通常情况下，人们只能与和自己处于相同层次的人进行良好的交流，否则就会有障碍和隔阂。因此，我们唯有不断提高自己的层次，才能让自己进入更高层次的交流之中，也结识更多志同道合的朋友。由此可见，当我们觉得自身能力不足时，千万不要放任自己停滞不前。当我们通过学习不断进取，我们不但提高了自身的能力，也把自己的生活和人际圈子提升到了更高的层次，可谓一举两得。

习惯成自然，每天坚持做最好的自己

生活中，相信每个人都有自己的理想，并渴望成功，而最终能成功的人只不过是极少数，大多数只能与成功无缘。成功者之所以能成功，是因为他们身上有个共同的特质——在日常的学习、工作和生活中努力养成好习惯。好习惯是走向成功的钥匙，而坏习惯则是通向失败的大门。

任何一个习惯一旦养成，它就是自动化的，如果你不去做反而会感觉很难受，只有做了才会感觉很舒服。因此，关于好习惯的培养，你不妨给自己订一个计划，然后用日程本记下自己执行计划的过程。那么，21天后，你将养成好习惯，坚持21天，你就会成功。坚持21天，就能改变你的意识，影响你的行为，为你带来超乎想象的成功。你又何乐而不为呢？

那么，我们该养成哪些好习惯呢？

1. 变懒惰为勤奋

在人生的征途中，勤奋是成功的必要条件之一，与此相对应的懒惰自然就成为成功的大敌。懒惰带来的"自我击败

内在动机

感"常常导致抑郁、消沉、烦恼、妄自菲薄等种种不良的情绪,它可以使人斗志涣散、精神沮丧,使人感到沉重的精神压力。因此,如果你是个懒惰的人,你不妨做出以下改变:

不要天天叫外卖,学几道小菜,闲暇时做给自己吃;每天整理干净再出门,不要给人邋里邋遢的感觉;工作中,变被动为主动,积极起来;每天坚持学习……

2. 养成读书的习惯

多读书最大的好处是可以增长知识、陶冶性情、修养身心。坚持不懈地读书学习,会使我们懂得人生的真谛,充满对美好生活和光明未来的热爱和向往,树立自己的理想和奋斗的目标,就会有终生不衰的前进动力,使我们的精神世界得到充实,思想境界得到提高,道德情操得到陶冶。

3. 充满活力,运动起来

身体是革命的本钱,运动也要养成一种习惯。当然,这需要你的坚持。在这21天的前一段时间里,你可能会产生懈怠的情绪,但这期间,如果你能鼓励自己、坚持下去,你就会发现,运动让你充满了活力。

4. 积极乐观

乐观是一种后天技巧,学习乐观有很多种方法。你注意过自己的走路姿态吗?你是抬头走路,还是低头走路呢?很多人都是迈着缓慢的小碎步低头走路的。这样的人大部分很悲观。要改变自己，就要从走路姿势开始。

首先，要纠正自己的体态，昂首挺胸，大步快速地走路。

其次，改变自己的语调，让声音欢快、充满能量。

最后，用快乐的字眼，用"挑战"代替"问题"，遇到"损失"的时候，想想这也许是个"机会"。积极的想法和行为都会对大脑产生积极的影响，发出快乐的信号。不过想要达到上述改变，就要耐心一些，也许要4到6周的时间才会见效。

5. 尝试新事物

你想过学习某种乐器、学打网球、学习滑雪吗？尝试一下吧。如果其中没有一种能让你感到快乐，那就再试试别的。因为，经历丰富的人更容易保持积极的心态。积极情绪和消极情绪的最佳比例是3∶1，如果达到1∶1，就很可能导致焦虑和抑郁。

6. 学会倾诉

无论好事坏事，谈论一下都能让人快乐，即使是在电话里和他人倾诉。倾诉的过程可以影响人的记忆，也就是说，倾诉一段不好的经历，可以让这段不愉快的回忆更快消失。如果有很多不同的倾听者，这种方法最奏效。也就是说，对不同的

● 内在动机

人重复进行倾诉会让你忘记烦恼，快乐起来。

7. 微笑

微笑吧，笑一下不会伤害你。微笑会让你更快乐。无论遭遇了什么事情，如果能够笑一下，感觉就会好很多。微笑，可以让机会出现在你的身边。

8. 经常喝水

我们每个人都应该认识到喝水的重要性，特别是在早晨，醒来之后喝上一杯水不仅可以帮你醒肤，还可以滋润肠道，有助于排泄。而且勤喝水有助于新陈代谢，帮助排除体内积累的毒素。洗澡前也不要忘记喝上一杯水，可以补充洗澡过程中流失的水分。

当然，任何习惯的改变和形成都是艰难的，但只要我们经历一段时间，一旦习惯形成，它就会成为一种自动化的、下意识的行为反应了。举个很简单的例子，每天早上出门前，我们都需要穿鞋。穿鞋时，你习惯上不是先穿右脚就是先穿左脚。在系鞋带时，你的习惯要么是把右手的鞋带从左手的鞋带背后绕过来，要么就是反着绕。那么，明天早晨，你不妨反过来做，在穿鞋前，你先想好今天该怎么做，然后，你会有意识地进行改变，21天后，新的系鞋带的习惯就形成了。

你可以以系鞋带为出发点，每天早上提醒自己：在这一整天里都要改变其他的习惯性思考、感觉与行为；在系鞋带时可以对自己说："今天我要以一种新的、更好的方式开始。"然后，一整天内都有意识地改变自己的行为。

当然，改变是艰难的。因为那些已经形成习惯的行为是我们所熟悉的思想和感情引发的，要改变它们，我们会本能地加以抗拒，尽管我们也承认自己身上的那些习惯是有害的。因此，改变必须要循序渐进。如果我们试图在一夜之间变得成功，我们将会再一次面临失败。给自己21天的时间吧，坚持21天，你会发现，你已经成功改造了那些阻碍你成功的习惯了。

参考文献

[1]阿霍拉.心理动机[M].邝慧玲,译.北京:人民邮电出版社,2021.

[2]德西,弗拉斯特.内在动机[M].王正林,译.北京:机械工业出版社,2020.

[3]爱德华·伯克利,梅利莎·伯克利.动机心理学[M].郭书彩,译.北京:人民邮电出版社,2021.

[4]格尔佩林.动机心理学[M].张思怡,译.天津:天津科学技术出版社,2020.